U0155812

国家自然基金项目：难混溶核壳结构球形合金粉末制备及相分离研究,NO. 51801097

南通市工业应用基础科技项目：高性能球形合金粉末的关键技术研究,NO. GY12016053

基于界面效应的材料制备及应用

雷成龙　葛传楠　著

中国原子能出版社

图书在版编目 (CIP) 数据

基于界面效应的材料制备及应用 / 雷成龙，葛传楠著. -- 北京：中国原子能出版社，2021.11
ISBN 978-7-5221-1748-5

Ⅰ. ①基… Ⅱ. ①雷… ②葛… Ⅲ. ①金属材料—材料制备—研究 Ⅳ. ① TG14

中国版本图书馆 CIP 数据核字（2021）第 242907 号

内容简介

本书针对传统金属液滴/气体界面（液/气）以及金属液滴/液体界面（液/液）球化金属粉末技术，基于液态金属与非金属介质界面不润湿效应创新地提出了第三类（液/固）金属粉末的球化制备技术，并对技术原理、材料制备、工艺参数调控、材料性能以及技术适用性进行了较为系统的研究。本书分别介绍了球形合金粉末制备技术、应用领域及前景，并阐述了球化技术的理论基础；液-固界面效应球化合金材料的实验及表征方法以及设计灵感与理论；铜基与铁基合金粉末的球化制备及性能，涉及到热处理、分散介质、时效处理、气氛气钍、形貌、尺寸分布等工艺参数的调控；难混溶合金核壳结构球形粉末的制备及相分离机制；典型合金材料的案例实践及专利技术以及科研成果的总结和展望。

基于界面效应的材料制备及应用

出版发行 中国原子能出版社（北京市海淀区阜成路 43 号 100048）
责任编辑 潘玉玲
责任校对 冯莲凤
印　　刷 三河市德贤弘印务有限公司
经　　销 全国新华书店
开　　本 710 mm × 1000 mm 1/16
印　　张 10.375
字　　数 164 千字
版　　次 2022 年 6 月第 1 版 2022 年 6 月第 1 次印刷
书　　号 ISBN 978-7-5221-1748-5 定 价 168.00 元

网　址：http://www.aep.com.cn E-mail:atomep123@126.com
发行电话：010-68452845

前言

随着先进粉末冶金技术的发展，高性能金属粉末的制备吸引了世界各国研究者的广泛关注。利用金属粉末冶金制造的各种精密部件被广泛地应用于航空航天、军事武器、汽车家电、工业机械、五金工具等各个领域。我国作为最大的粉末冶金国之一，高性能金属粉末却需要大量进口，尤其是具有特殊应用价值的球形金属粉末。譬如，在粉末冶金注射成型领域中，球形金属粉末制备的胚体密度高，烧结胚体收缩均匀，制品精度高、性能好。在热喷涂领域中，球形金属粉末因其良好的流动性，制得涂层更加均匀、致密，具有更好的耐磨性。近年来，金属3D打印技术、球栅电子封装等先进制造技术中，球形金属粉末也体现出更加明显的优势。因此，如何实现高性能金属球形粉末的低成本、产业化生产已经成为制约先进粉末冶金技术发展的重要因素。

目前，金属球形粉末的制备方法主要有液态金属雾化、液滴喷射法、切丝或打孔重熔法、电火花等离子体腐蚀法等。无论是金属液滴/气体界面（第一类：液/气），还是金属液滴/液体界面（第二类：液/液）制备金属球形粉末，球化过程中均无法同时兼顾高质量球形形貌和合金的热履历、气压、尺寸等，而且对设备要求较高，生产成本普遍昂贵。如何解决上述问题，寻找一种低成本能够制备高质量球形金属粉末的方法，对于先进材料的发展以及精密装备制造具有重要意义。

针对上述问题，本书首创了基于液态金属/非金属粉末界面低润湿性（第三类：液/固），结合液态金属的表面张力效应，采用非金属碳材料或陶瓷材料粉末作为固体分散介质，设计出类似于溶液溶剂的“固态介质溶剂”路线。该路线实现了金属材料球化制备原理的创新，拓展了金属粉末球化技术，特别是在热履历、气氛气压、形貌、尺寸等方面实现独立可控，具有一定的普适性和可控性，解决了传统技术无法克服的困难。

本书共分为8章，第1章系统地介绍了球形合金粉末制备技术、应用领域及前景，并阐述了合金粉末球化技术的理论基础；第2章介绍了基于液–固界面效应球化合金材料的实验路线及表征方法，阐述了本书实验技术的设计灵感及理论；第3～5章分别介绍了铜基与铁基合金粉末的球化制备及性能，涉及到了热处理、分散介质、气氛气压、时效处理、材料形貌、尺寸分布等工艺参数的调控；第6章介绍了难混溶合金核壳结构球形粉末的制备及性能，探讨了液–固界面效应球化过程中液相混溶凝固过程中相分离以及液相区不混溶凝固过程中的相分离机制；第7章介绍了面向产业应用的典型合金材料，重点从方法、实际案例及专利技术上介绍了基于界面效应材料制备方法的拓展性和适用性；第8章是界面效应材料制备、工艺方案的总结及展望。本书通过设计理论创新、典型案例实践和研究成果分析，深入浅出地阐述了界面效应在合金材料液相球化中的应用，研究具有基础性、普适性和创新性，国内外均未见相似论著。本书第6～7章主要基于南京大学唐少龙教授课题组的最新研究成果，在此特别感谢他们的贡献。

由于作者水平有限，书中疏漏和不足之处在所难免，恳请读者批评指正！不胜感激！

作者

2021年8月于南京

目　录

第1章　绪　　论

1.1　引　言

随着金属粉末注射成型技术（MIM）、球栅电子封装（BGA）技术以及金属3D打印制造技术等先进粉末冶金技术的发展，高性能金属粉末的制备吸引了世界各国研究者的广泛关注[1-4]。采用金属粉末，经过成形、烧结，制造的各种精密部件被广泛地应用于航空航天、汽车家电、机械工具等各个领域[5, 6]。我国作为最大的粉末冶金国之一，高性能金属粉末却需要大量进口，尤其是具有特殊性能的球形金属粉末。

目前，制备球形金属粉末技术方法主要有雾化法、液滴喷射法、切丝打孔重熔法、电火花腐蚀法等。从球化机制上主要分为两大类：（1）金属液滴/气体界面（即液/气界面）的界面张力作用，制备金属球形颗粒，如：雾化法和液滴喷射法等；（2）金属液滴/液体界面（即液/液界面）的界面张力作用，制备金属球形颗粒，如切丝或打孔重熔法、电火花腐蚀法等。尽管这些制备方法基于自身的特点在各自的领域具有一些优势，但是在球形颗粒形貌、尺寸以及元素挥发、热历史、冷却速度等热处理方面却无法实现独立控制，而且存在热诱导成分偏析、结构组织不均匀以及金属粉末颗粒的表面和球形度也不尽满意。因此，开发基于金属液滴在固体界面的界面张力作用，制备球形金属粉末，即第三类球化机制：金属液滴/固态界面（液/固界面），以期实现金属热处理和颗粒球形形貌、尺寸独立调节，高效、节能、低成本地制备高质量球形金属粉末技术，成为满足未来精密制造和高性能金属粉末材料需求的关键。然而，基于金属液滴在固体界面的界面张力作用制备球形金属颗粒却面临较大的挑战，这主要涉及了高温液态金属与固态基底界面复杂的物理过程，如原子扩散或团簇形核[7-12]。而且，在传统高温金属液相铸造工艺中，金属与基底材料之间的润湿或去润湿性是一个必须考虑的重要因素[13]。事实上，认知和调节界面的润湿行为（荷叶效应）在传统领域如仿生、润滑、防水等方面，已实现了广泛应用[13-15]。因此，如何从基础的润湿或不润湿现象中得到启发，研究高温下液态金属在非金属固体介质中的润湿或不润湿行为，开发新一代高质量球形金属粉末的制备技术成为我们将要探讨的问题。

1.2 金属球形粉末的应用研究

1.2.1 注射成型

金属粉末注射成形技术（Metal Powder Injection Molding，MIM）是现今金属粉末冶金领域中发展最迅速的新工艺，相对于铸造、锻轧、机械加工、焊接等粉末冶金，MIM被称为“第五代”金属成形方法[16]。近几十年来，MIM技术发展迅猛，能适用广泛的材料体系，如图1.1所示，不锈钢、工具钢、硬质合金、钛合金、金属间化合物等[1，17，18]。

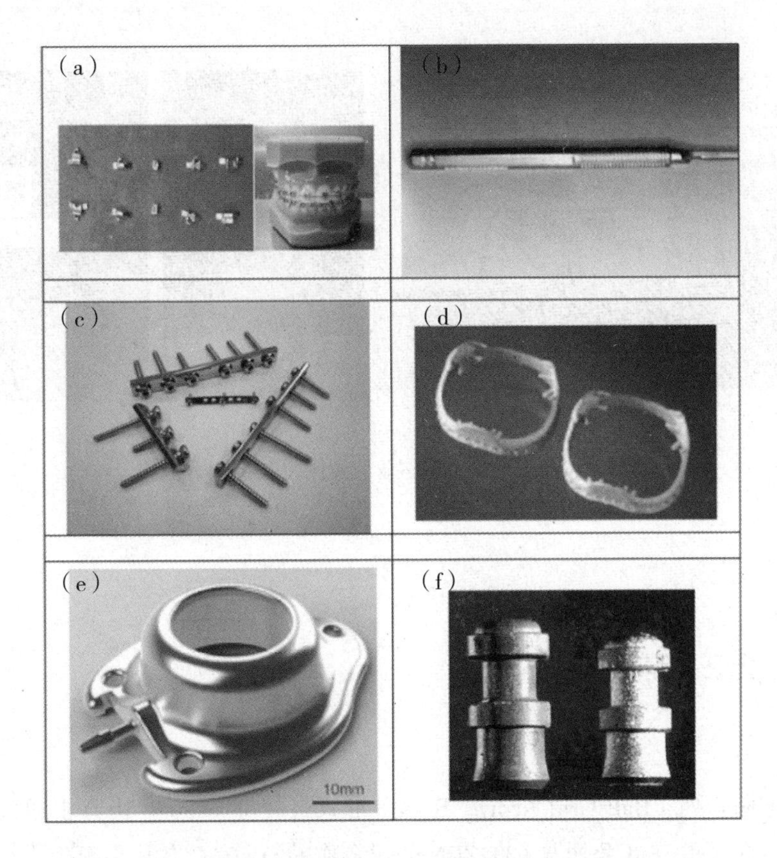

图1.1 金属粉末注射成型实物图[1]
(a)牙齿矫正器,(b)手术刀,(c)固定器316L,
(d)心脏Ti合金支架,(e)支架Ti-6Al-4V,(f)Ti牙齿种植

MIM对原料粉末要求较高，包括粉末的形貌、粒径、粒度分布、比表面积、流动性、松装密度等，以保证均匀的分散度、良好的流动性能和较大的烧结速率。图1.2是粉末注射成型试验中金属粉末填充模具的过程，试验表明通常选用球形金属粉末可提高装载密度。从理论上讲，MIM使用的粉末颗粒越细小，比表面积越大，越有利于粉末活性的提高及烧结过程中大收缩的实现和高致密度的获得。而传统粉末冶金的金属粉末大多是粒径大的不规则粉末，在注射成型过程中，出现粉末流通填充不均匀。因此，改进现有的和开发新的制粉方法，生产细小粒度、高球形率、低成本的MIM用粉末成为MIM技术首要解决的问题。

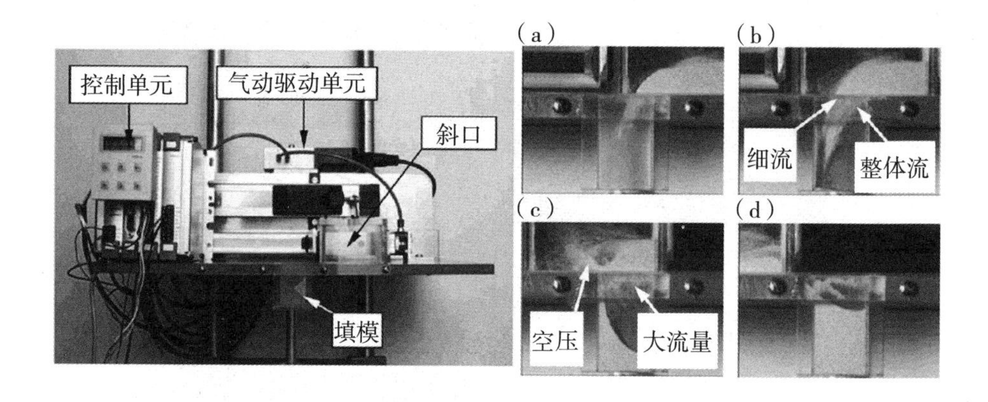

图1.2　粉末注射成型试验装置图以及粉末填充[19]

1.2.2　球栅电子封装

球栅阵列（Ball Grid Array，BGA）形式封装是 1980 年由富士通公司提出的，在日本 IBM 公司与 CITIZEN 公司合作的 OMPAC 芯片中诞生[20]。目前主要应用在 CPU以及DSP等多管脚、高性能芯片的封装中，图1.3是电子封装电路的示意图[21]。BGA封装是现代微电子中应用十分广泛的技术，特别是满足工业集成电路轻薄短小、多功能、高速度等特点的需要，在大规模集成电路的集成化工艺中具有至关重要的作用[4, 22]。

这种技术的特点在于用钎焊球替代外引框导线，在基板的背面按阵列方式制出球形触点阵列作为引脚，然后，在封装片及倒装片与基板连接过程中，进行钎焊球封装，也即“球栅阵列”“网格焊球阵列”和“球面阵”等，如图1.4所示。

目前，国内还没有成熟的钎焊球制备设备，高密封装用钎焊球主要依靠进口，这严重制约着我国高密封装技术的发展，大大降低了国产芯片市场竞争力。所以，发展国产钎焊球技术已势在必行。

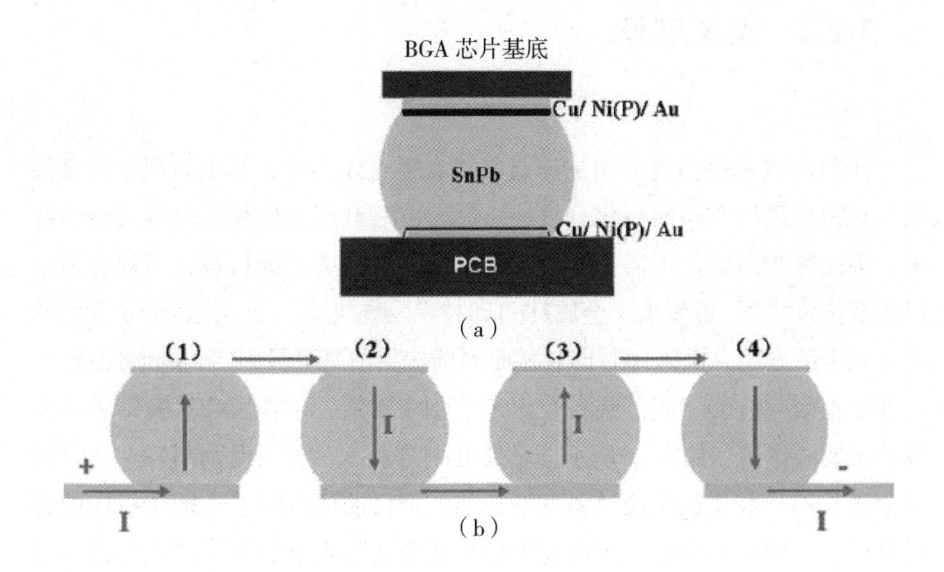

图1.3　球栅电子封装示意图[21]

图1.4　球栅电子封装芯片实物图[22]

1.2.3 增材制造

3D打印技术是指逐层增加原材料而获得立体实物，基本原理是将零件数字化模型进行空间网格化分解成点阵，然后利用金属粉末熔融或烧结技术，逐层堆积而成，不需要像传统技术那样去除大量原材料，又被称为增材制造技术[23-26]。近年来，金属3D打印技术发展快速，极大地改变了人们的工作和生活方式。金属3D打印技术是目前应用前景更最为广阔的制造技术，已开始在航空航天、武器装备、汽车、创意首饰、生物医疗等高端领域发挥着重要的作用，如图1.5所示。金属3D打印技术的核心是材料和装备，随着金属3D打印技术的发展装备逐渐成熟，但目前可以用于金属3D打印的材料种类少、性能不稳定，传统粉末冶金用金属粉末材料还不能完全适用金属3D打印工艺[2, 27-29]。另外，专用型金属粉末的研制和生产主要集中在国外少数几家金属粉末冶金公司，如瑞典Sandvik、Hoganas，美国Sulzer Metco、Carpenter Technology等。

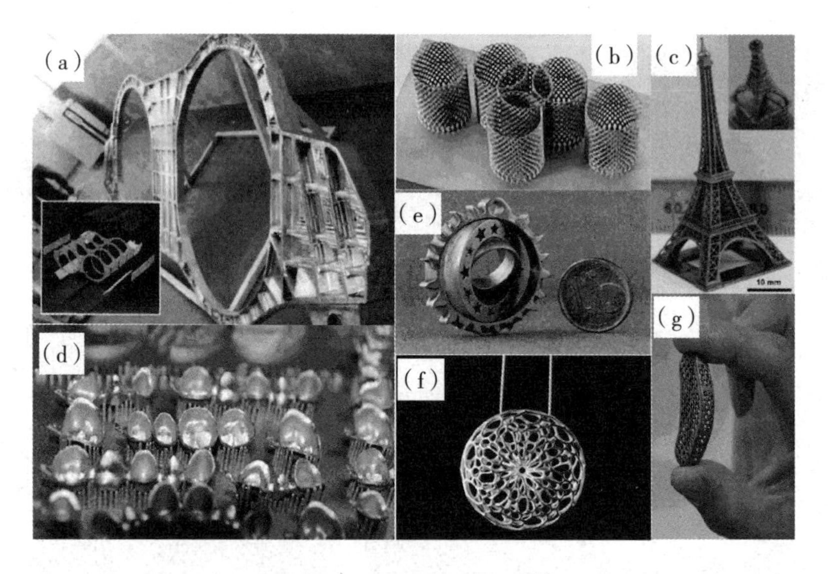

图1.5　金属3D打印应用[30]

（a）飞机钛合金构件，（b）钛合金医用件，（c）镍合金模型，（d）钛合金牙冠，（e）微型零部件，（f）贵金属首饰，（g）钴铬合金零件国内有能力生产适用于金属3D打印的高质量球形金属粉末材料的企业极少，主要依赖进口。原因主要是我国相关行业自身技术水平有限，3D打印用金属粉末要求球形度高、含氧量低、粒度分布窄，而国内在金属粉末材料性能研究、制备技术数据积累等方面比较匮乏，而且相关数据也主要集中在某些贵金属材料上。为了实现金属3D打印技术的普及与应用，制备面向3D打印用高质量球形金属粉末具有重要意义。

1.2.4　其他应用

随着工程技术发展的需要，近年来多孔金属材料（Metal Foam）和热喷涂技术（HVOF）成为工程材料领域的研究热点，国内外科研人员对多孔金属材料和表面喷涂技术进行了深入系统的研究[31-34]。

在多孔材料制备领域，用球形合金粉制备的多孔材料具有更均匀的孔隙，而且在生产中能够根据工艺参数的设定控制产品的透气性能，如通过控制工艺条件，可制得不同孔径分布、孔隙率、孔密度的多孔金属[35]。利用球形金属粉末制备多孔材料的过程主要是将金属球形粉末与易分解的无机盐颗粒混合并压制成块，在高温条件下金属粉末熔融、无机盐分解，最终生成无序孔结构的烧结金属多孔材料[32, 36-38]。具有多孔特性的金属材料已经被成功制备并投入到实际应用中，例如：多孔铜作为多孔金属材料中的一员，因铜元素具有一定的力学强度和较高的化学稳定性，常把多孔铜集成到电子元器件上，作为散热部件，如图1.6所示。

热喷涂（HVOF）技术是指利用某种热源将不同形态的材料（如粉末状、丝状和棒状）加热熔融或半熔融状态，然后被燃烧火焰焰流的动力或外加的高速气流的动力雾化和加速，并以较高速度喷射到经过预处理的基体材料表面，与基体材料结合而形成具有特定功能的表面涂层技术[33, 34]，如图1.7所示。

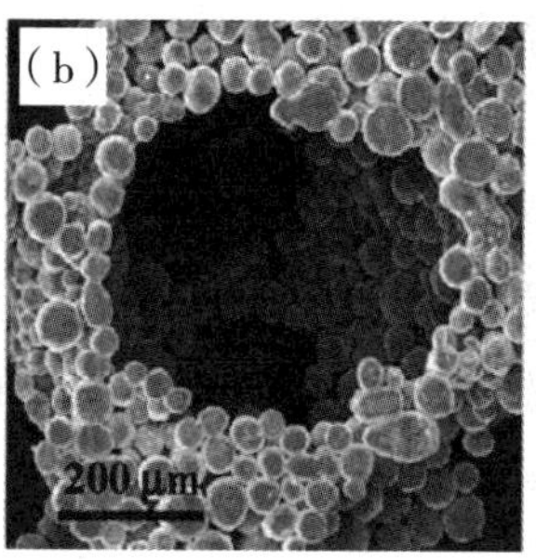

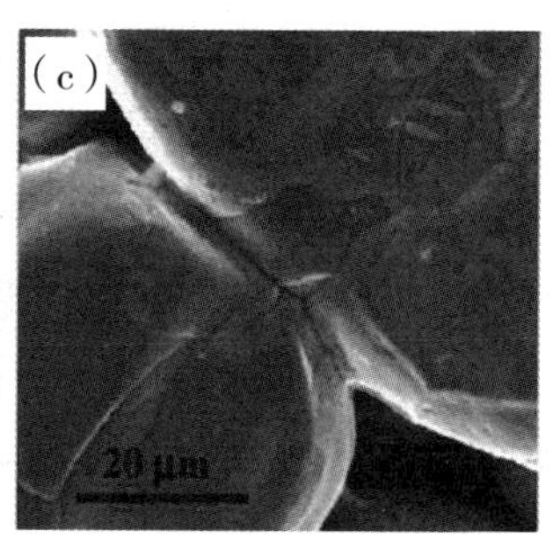

图1.6　球形Cu粉末制备多孔材料SEM图[39]

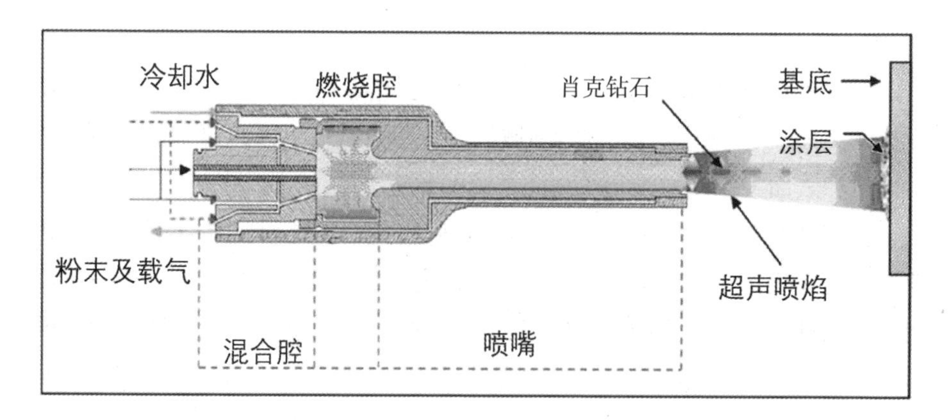

图1.7　热喷涂实验示意图[34]

在热喷涂领域，为提高两种材料的结合力，降低由于热膨胀系数的不同而引起的表面开裂和层面剥落，在金属与陶瓷层面间喷涂中间过渡层，球形金属基复合粉末有利于热喷涂工艺的实施，使得到的涂层更均匀、致密[33, 40–42]。因此研究与制备球形化的金属及金属基复合粉末，对提高粉体的经济价值、扩大粉体应用范围、提高制品性能，具有重要的意义。

另外，在纳米合金催化领域，基于固态介质界面效应制备高质量纳米材料已被广泛应用。实现混合盐溶液中原料金属盐与作为固体分散剂的组分同时析出来完成更细化的固体混合。这种分子级别的混合，固态介质可防止纳米颗粒团聚，实现制得的金属纳米颗粒尺寸更小。尤其是在高温热处理过程中，一方面，形成稳定的单分散颗粒粉末；另一方面，可实现高温处理下的固态或液态介质界面诱导成相，制备高活性位点的催化金属纳米颗粒。

1.3 金属球形粉末制备技术发展现状

为满足各种粉末冶金工艺对球形金属粉末的要求，粉末制备的方法也是多种多样，主要有雾化法、液滴喷射法、切丝打孔重熔法、电火花腐蚀法等。目前制备球形金属粉末的方法主要只涉及到两类界面的润湿或不润湿行为：金属液滴在气体介质中的界面张力作用即液/气界面，如雾化法、液滴喷射法等；金属液滴在液体介质中的界面张力作用即液/液界面，如切丝或打孔重熔法、电火花腐蚀法等。

1.3.1 雾化法

雾化法是近年来发展较快、应用较为广泛的一种粉末制备技术[43–45]。根据雾化介质的不同，雾化法包括:（1）二流雾化法，分为气体雾化和水雾化两种高压气体雾化法是采用惰性气体作为雾化介质，可获得粒度分布范围较宽的球形粉末。水雾化所得的粉末颗粒形状不规则，粒径很大，且表面覆有氧化层。（2）离心雾化法，分为旋转圆盘雾化、旋转电极雾化和旋转坩埚雾化等[46，47]。（3）其他雾化方法，如超声波雾化、真空雾化等[48]。

图1.8 是通过气雾法制备的钕铁硼粉末的形貌和尺寸分布，可以看到制备的球形颗粒球形度较高，但是制备的合金粉末颗粒尺寸较大，平均尺寸约40 μm。

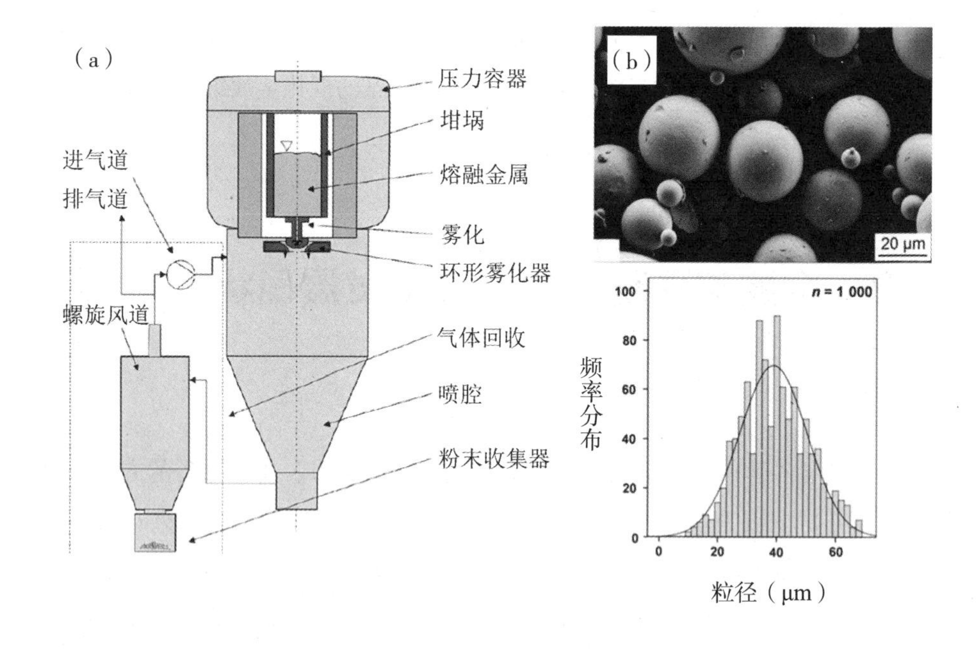

图1.8 （a）气雾设备示意图，（b）气雾法制备钕铁硼球形粉末形貌与尺寸[49]

气雾法虽然生产效率较高，但较难制备小于10 μm尺寸的球形颗粒，而且由于表面张力的原因，易成泪滴状或树枝状，球形合金粉末一致性较差，球化产率低，此外，雾化制备过程中，惰性气体消耗量较大，气体净化回收难度大。

图1.9是通过旋转水雾法制备高铁含量的铁硅硼非晶粉末。旋转水雾法冷却速率较一般水雾法要高，其工作原理主要是靠高速回旋水流将合金熔滴高速急冷，使之形成非晶粉末。回旋水的离心力可以使得包在熔滴外面的水蒸气膜剥离，从而克服了水蒸气膜热传导率低的问题，但是制备的金属粉末由于受到扰动，较多出现椭球形，而且不利于水资源的节约、环保。

改进型的超声雾化、真空雾化及熔滴雾化所制得的粉末呈球形，粉末的平均粒度细而且粒度分布范围窄，但生产效率却大大降低。

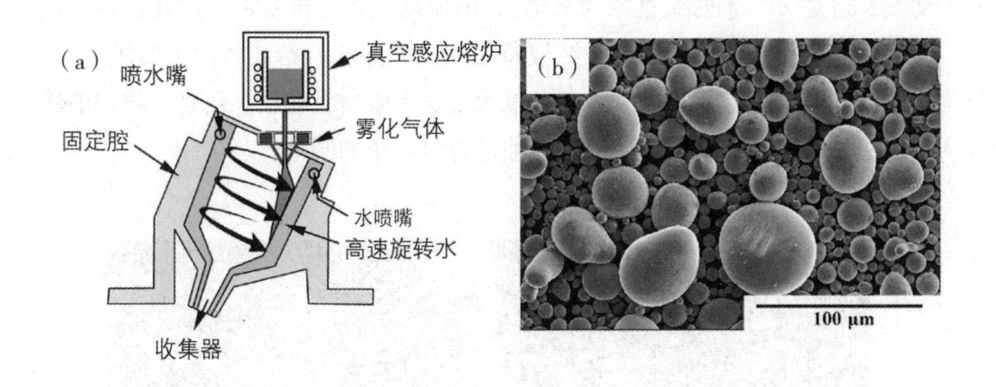

图1.9　旋转水雾法制备非晶铁硅硼球形粉末的形貌图[50]

1.3.2　液滴喷射法

早期，液滴喷射法主要进行流体动力学、液流断裂机制等相关研究。金属液体从毛细管或喷嘴中流出形成射流，对射流施加周期性机械扰动，当该扰动符合一定条件时，周期性的振动导致射流不稳定，液流断裂成粒径均匀、空间距离一致的液滴[51-53]。目前，液滴喷射技术制备微米级颗粒按照控制系统主要分为两大类，分别为连续式喷射技术和按需喷射技术。

其中，连续式喷射技术是指对腔体施加压力，使液体产生连续的液体射流，再在喷嘴处施加连续波动，从而使液流不稳定并产生驻波，最终导致液流断裂形成液滴。均匀液滴喷射法是连续式喷射方法中的代表[54]。对腔体施加气压，使腔内的液体通过毛细喷嘴形成射流，利用驱动信号对射流施加机械振动，使液体在扰动条件下离散成液滴束。该方法制备的液滴或粒子的大小主要取决于振动波波长、坩埚底部喷嘴直径及坩埚内外气体压强差。在喷嘴直径不变的情况下，改变振动频率会改变射流上驻波波节之间的间隔，从而达到改变粒径的目的。但粒径又不能无限制地改变，在该方法中，如果振动波长过短（小于射流直径的三倍），射流断裂将不再稳定，因此粒径不能无限缩小；图1.10显示如果驻波波节之间间隔太长，谐波将产生二级结点，从而产生卫星滴，因此也不能通过增大波长无限增大粒径。而且，均匀液滴喷射法不适用于高温、高活性、腐蚀性材料粒子的制备。

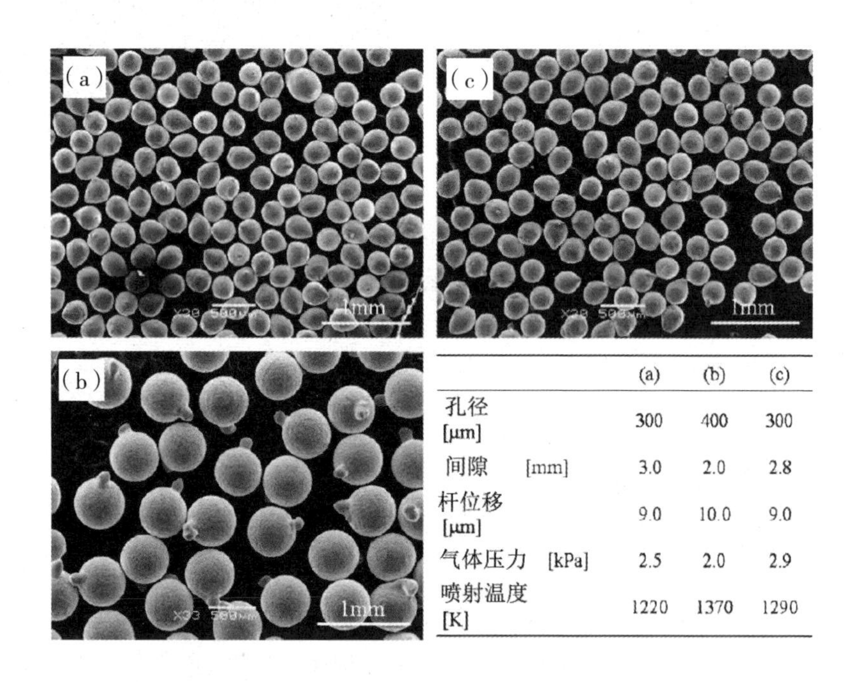

	(a)	(b)	(c)
孔径 [μm]	300	400	300
间隙 [mm]	3.0	2.0	2.8
杆位移 [μm]	9.0	10.0	9.0
气体压力 [kPa]	2.5	2.0	2.9
喷射温度 [K]	1220	1370	1290

图1.10　液滴喷射法制备Ge球形粉末形貌和实验参数[54]

脉冲微孔喷射法是在近几年发展的按需喷射球形微米级粒子制备技术[55]。金属原料在坩埚中进行熔化，在重力和坩埚内外压力差的作用下，充满喷射底部，信号发生器产生的脉冲信号经放大后驱动压电陶瓷，并在压电陶瓷的驱动下产生弹性形变或机械振动，使液体从坩埚底部的小孔中喷出，液滴产生后，在表面张力的作用下形成球形，并在下落过程中凝固球形颗粒。

脉冲微孔喷射法，可以通过严格控制设备设置参数和工艺参数来保证得到粒径均匀、热履历一致，内部结构微观组织一致的粒子以及实现粒子粒径可控[56]，如图1.11所示。但是液滴喷射法的生产效率太低，制备成本较高，并且难以制备尺寸小于100 μm的球形金属颗粒。因此，液滴喷射法难以规模化制备用于有大量需求粉末冶金用超细金属球形粉末。

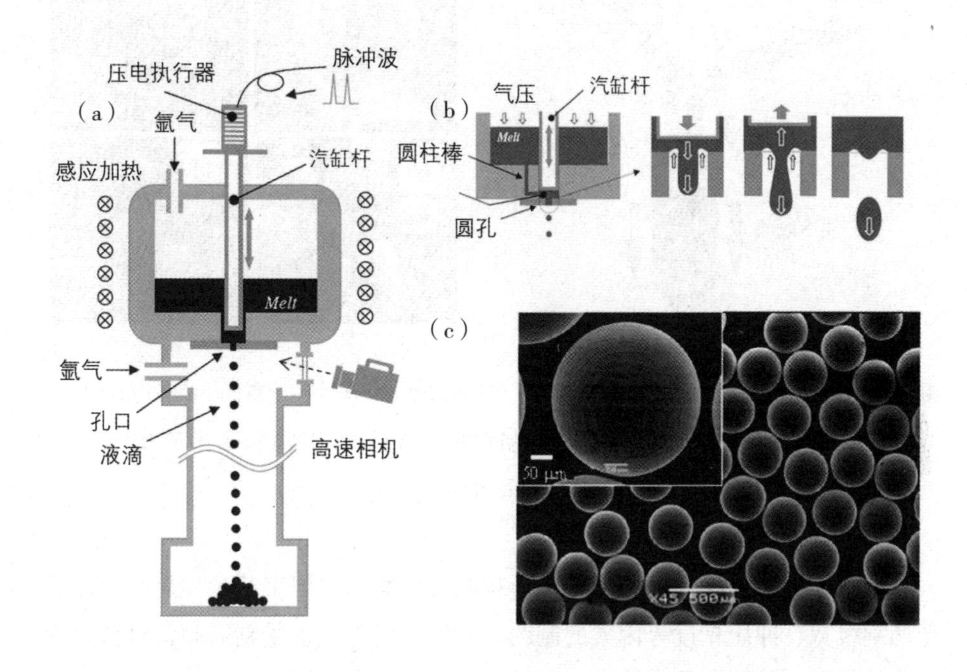

图1.11 (a)(b)脉冲液滴喷射法示意图,(c)制备的铁硅硼球形粉末形貌图[55]

1.3.3 切丝打孔重熔法

切丝或打孔重熔法是指将需要制备的金属材料通过拉丝剪切或箔片冲压等机械方式加工成等质量的微小单元，投入具有温度梯度的液体介质中，在温度高于金属熔点的液体介质中熔化形成均匀液滴，并在表面张力的作用下成为球形，经过筛分、清洗从而得到满足要求的球形颗粒[3]。在该方法中，图1.12（b）-（e）显示金属材料在液体介质中重熔的时间、冷却状况以及液体介质的物理性质、温度等因素均会对所得金属材料颗粒球造成较大影响[57-59]。

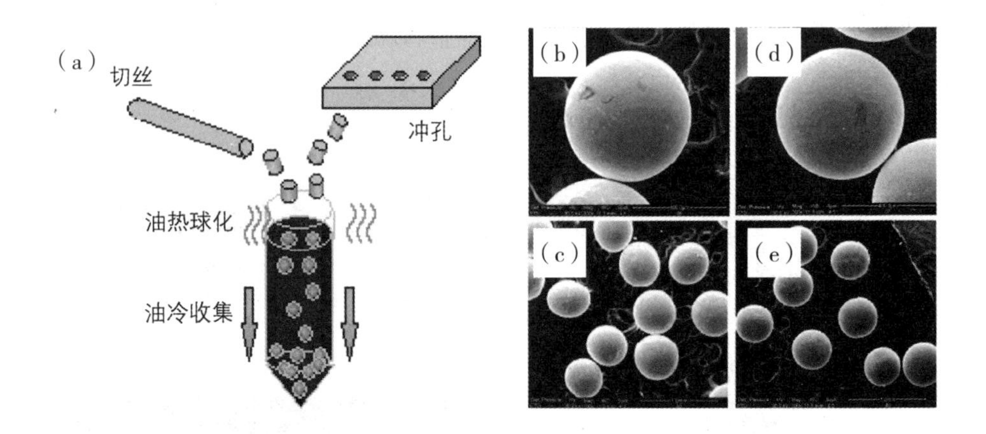

图1.12 （a）切丝或打孔重熔法的示意图[3]，（b）（c）润滑油中制备的Sn-37Pbh和Sn-0.7Cu，标尺100 μm，（d）（e）蓖麻油中制备的Sn-37Pb和Sn-0.7Cu，标尺10 mm[60]

虽然此工艺可控性好，所得球形颗粒尺寸均匀，但工艺过程复杂，且易受切割线宽、冲压精度等因素的制约。另外，该工艺也受到需制备材料物理性能的限制，如不适用高熔点金属材料。同时，由于材料硬脆不易加工成丝或箔材等，金属颗粒的粒径下限存在瓶颈，该种方法制备得到的颗粒需要进行后续脱脂处理，这使得该方法的成本大大增加，降低生产效率及效益。

1.3.4 电火花腐蚀技术

电火花等离子体腐蚀方法是将不规则形状的原料块平铺在2个板状电极之间的筛网上，原料块之间形成固定的间隙，采用脉冲持续时间在数百个毫秒的高压交流脉冲电源来放电，电火花等离子体持续时间短、温度高，过热区域沸腾，导致金属液滴的喷射和蒸发的材料进入电介质中，伴随着液滴的冷却或凝固和蒸发材料的冷却从而形成球形粉末[61-63]，实验装置如图1.13所示。

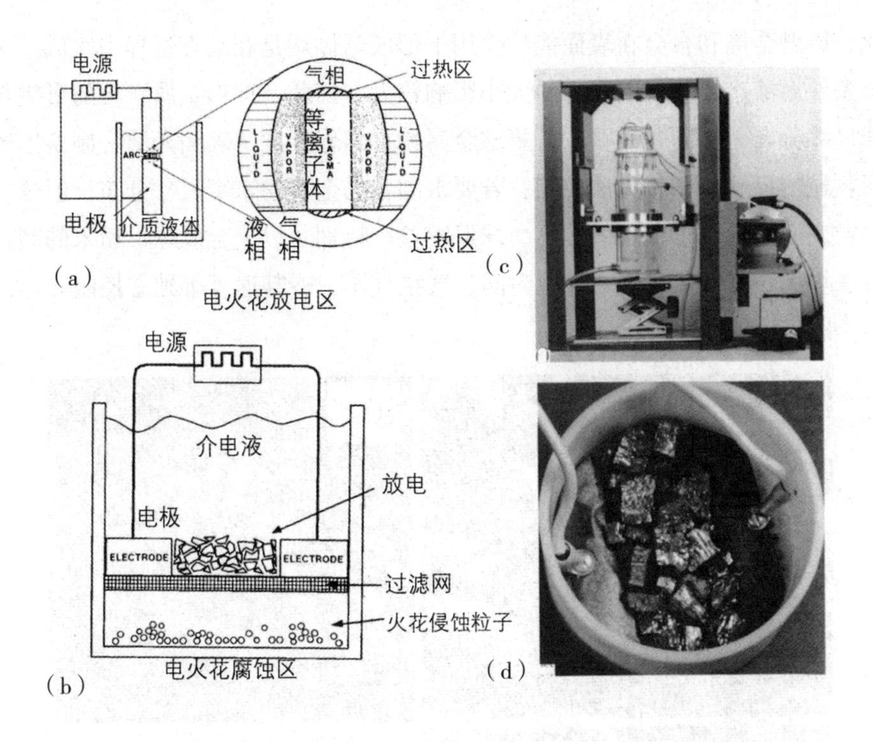

图1.13 电火花等离子体腐蚀法示意图和实验装置图[61]

电火花等离子体腐蚀方法是采用液态金属在液态介质中，因自身的表面张力作用形成球体的制备技术。电火花等离子体腐蚀方法的熔融温度可达10^4 K，冷却速度可达10^9 K/s，制备的金属粉末不受金属材料熔沸点温度的限制，粒径可以从数纳米到达100 μm，可广泛应用于金属、合金、金属复合物、半导体和陶瓷材料等粉末的制备[64]，如图1.14所示。

但是在制备高质量球形金属粉末方面，由于该方法依赖液态金属与液体介质之间的界面能，而且适用的液体介质十分有限，较多的情况下制备的金属粉末球形度较差，表面不光洁，而且颗粒破缺严重。

总体而言，雾化法、液滴喷射法、切丝打孔重熔法、电火花腐蚀法等方法的基本原理就是使金属、合金或金属化合物经过高温熔融热处理转变成液态，结合液态金属、合金或金属化合物的表面能在不同气态或液态介质中形成球体，制备球形金属或合金粉末。然而，由于在气态介质和液态介质中球化，熔融金属和合金在表面能的作用下形成球体均是在动态过程中完成，实验条件对液态金属表面张力的大小影响较大。因此，球形金属颗粒的形貌与窄尺寸分布无法同时兼顾，若要求金属粉末高球形度、表面光洁，制备出球形颗粒的尺寸分布就无法控制；若要求制备的金属粉末窄尺寸分布，但球形颗粒表面破缺严重、含氧量高、球形度差。特别是以上金属球形粉末的制备方法均无法实现热历史、保温时间、气氛气压、冷却速度等独立控制。

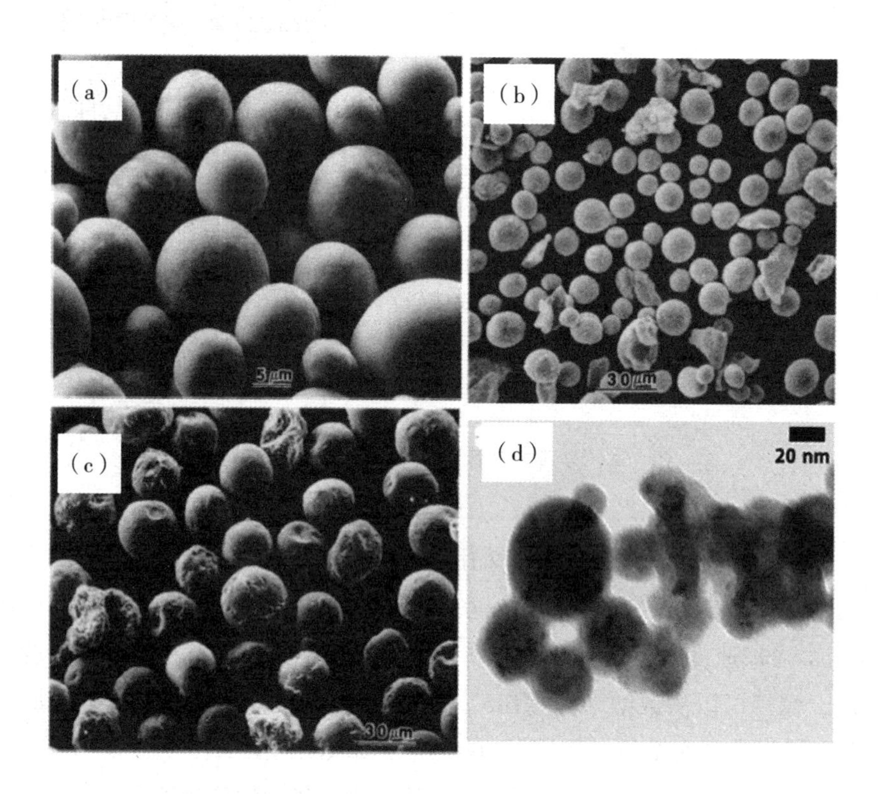

图1.14　电火花等离子体腐蚀法制备的各种合金球形粉末的形貌图[63]

（a）20～30 μm非晶$Fe_{75}Si_{15}B_{10}$粉，（b）10～20 μm的78Si-Ge粉，

（c）30～38 μm的Ti粉，（d）纳米$Bi_{0.5}Sb_{1.5}Te_3$

1.4 液-固界面润湿性研究机制

金属液滴在固体介质中的界面张力作用即第三类球化机制：液/固界面，制备球形金属粉末，能够实现金属热处理和颗粒球形形貌、尺寸独立调节。但涉及了高温液态金属与固态基底界面的复杂物理化学。界面的物理化学在材料科学中占有重要的地位[65]。由于物理结构和化学组成不同，材料的表面和界面与其内部本体存在明显的差别。这是因为材料内部本体原子受到周围原子的相互作用是相同的，而处在材料表面和界面上的原子所受到的力场却是不平衡的，因此产生了表面能或表面张力和界面能及界面张力。特别是不同材料的表面相接触的界面，界面动力学机制更为复杂，甚至产生一些新的物理现象，例如液-固界面之间的润湿或不润湿现象。液-固界面润湿现象一般分为沾湿、浸湿和铺展。沾湿是指液体与固体由不接触到接触的过程；浸湿是指固体浸入液体的过程；铺展是指液体在固体表面扩展的过程，这三种过程虽然方式和物理意义不同，但均反映了固体表面的润湿性质：润湿（Wetting）或去润湿（De-wetting）。

1.4.1 液-固界面润湿或不润湿现象

事实上，液-固界面相的润湿或不润湿性是一种广泛存在自然界中的界面效应。自然界中存在着各种各样的液-固界面润湿或不润湿现象，其中荷叶效应是不润湿现象最为杰出的代表[66]。当水滴滴在荷叶表面时，水滴由于与荷叶表面的作用力很小，在自身的表面张力作用下保持球状，但这些水珠不能稳定地停留在荷叶表面，主要稍微振动叶面，荷叶上的水珠就会迅速滚动。类似的生物表面还有常见的植物叶子如水稻叶、西瓜叶等[67]，常见的动物组织有蝉翼、蝴蝶翅膀、壁虎的脚等等[68]，如图1.15所示。

图1.15　自然界中的不润湿现象：荷叶效应和健步如飞的水蝇

浸润性控制调节无论是对研究固体表面结构及其行为，还是对实际应用都具有非常的重要性，尤其是润湿或不润湿存在广阔的应用前景。比如日常生活中，固体表面的润湿性应用也比较常见，比如：墙壁粉刷、防雾玻璃、文本打印等。而具有不润湿的表面因其具有自洁功能如建筑外墙、汽车涂层以及低摩擦表面等[66, 67]。

1.4.2　液–固界面润湿性基本理论——Young理论

在无重力场作用的空间中，在固、液、气三相交界处，由于界面张力的作用，液滴的自由状态为球状，但是，液滴一旦与固态介质接触时，液滴的最终状态取决于液滴内部的内聚力和液滴与固态介质的粘附力的相对大小[69]。固体表面润湿性主要取决于固体表面粗糙度和表面自由能，其大小通常由液滴与固体表面的接触角来衡量。从气、液、固三相交点作气–液界面的切线，该切线与过该三相接触点的固–液分界线之间的夹角即为液体在该固体表面的接触角，如图1.16所示。它可用于描述固、液、气三相界面所产生的三种界面张力的一种相对平衡状态。接触角数值的大小可以反映出液体对该固体表面的润湿程度：接触角越小，表明液体对该固体表面的润湿性能越好，当接触角为0°时，液体在固体表面表现为完全铺展；接触角越大，表明液体越难润湿该固体表面，当接触角为180°时，认为液体无法润湿该固体表面。

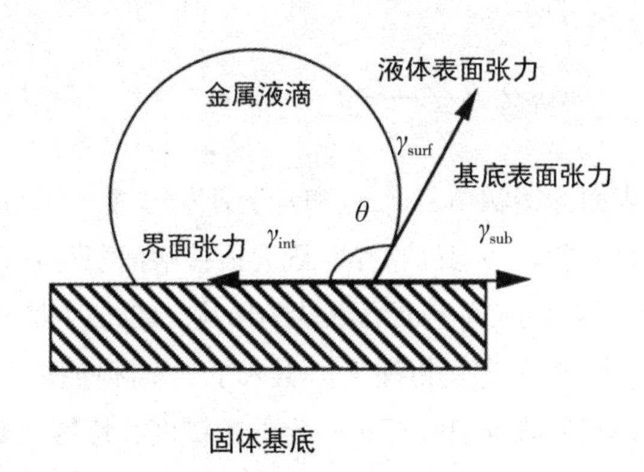

图1.16 绝对光滑固态基质表面固、液、气三相点界面各表面张力的示意图[70]

理想光滑平面上，液滴处于平衡状态时，界面间相互作用力处于平衡即为著名的杨氏方程[71]：

$$\cos\theta_0=\frac{\gamma_{sv}-\gamma_{sl}}{\gamma_{lv}} \tag{1-1}$$

式中，q_0为接触角，γ_{lv}、γ_{sv}和γ_{sl}分别为气/液、气/固、固/液界面的界面张力。由接触角可以判断：当液体将完全平铺在固体表面，液体与固体完全润湿；当接触角$0°\leqslant q_0\leqslant 90°$时，该液体与固体部分润湿；当接触角$90°\leqslant q_0\leqslant 180°$时，该液体与固体不润湿。

1.4.3　液–固界面润湿性基本理论——Wenzel理论

不管在自然界还是实际的工业领域，都不存在理想光滑的材料表面，因此在具有微观几何粗糙度的固体表面上，微观结构对液滴的润湿性会产生一定的影响，Wenzel对杨氏方程进行了修改[72]：

$$\cos\theta_{\mathrm{w}}=\frac{\gamma_{\mathrm{sv}}-\gamma_{\mathrm{sl}}}{\gamma_{\mathrm{lv}}}r=r\cos\theta_0 \qquad (1\text{–}2)$$

式中，q_{w}为粗糙表面的接触角，γ_{lv}、γ_{sv}和γ_{sl}分别为气/液、气/固、固/液界面的界面张力。r为粗糙度因子，其值为液–固界面接触面积与表观接触面积的比值。考虑到粗糙结构对液–固界面润湿性的影响，Wenzel 最重要的工作提出了粗糙度的概念[73]，为了定义粗糙度，引入了“实际面积”与“投影面积”的概念，由于固体材料表面总会存在一定的粗糙度，使得“实际面积”总是大于“投影面积”。当接触角$0° \leqslant q_0 \leqslant 90°$时，该液体与固体部分润湿，从上式可见，$q_{\mathrm{w}}$随$r$的增大而减小；当接触角$90° \leqslant q_0 \leqslant 180°$时，该液体与固体不润湿，$q_{\mathrm{w}}$ 随r 的增大而增大，如图1.17所示。

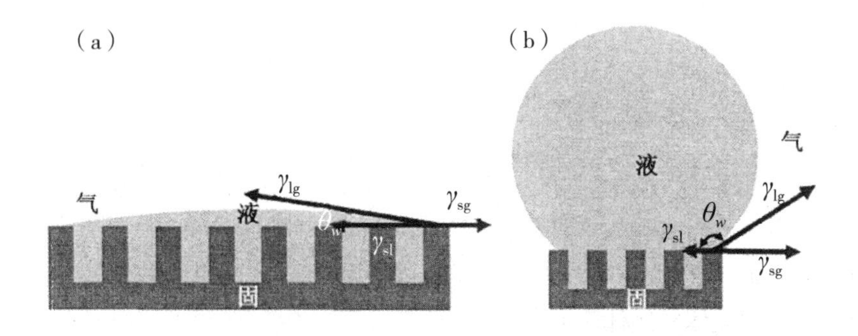

图1.17　粗糙固态基质表面固、液、气三相点界面各表面张力的示意图[73]

1.4.4　液–固界面润湿性基本理论——Cassie–Baxter理论

尽管Wenzel模型能够很好地解释实际具有一定粗糙度固体表面的润湿行为，然而，在一些实际情况下，却仍然无法解释某些表面具有极小滚动角的去润湿性，即液体极易在某些表面滚落的现象[74]。1944年，Cassie和Baxter对纺物表面润湿性进行研究时认为液滴与具有微观粗糙度固体表面接触，液滴并不能充分填充凹槽内空气，所以液滴与固体接触界面实际上是由液–固接触界面和气–液接触界面的复合接触，因此，此模型也适用于多孔表面或粗糙表面能保存住空气的界面[75]，如图1.18（a）–（b）所示。水滴在荷叶表面具有较大接触角和较小的滚动角，因此荷叶表面能够具有自清洁作用。荷叶组织微观结构电子扫面显微镜表征显示，荷叶表面具有微米的乳突，而且乳突表面又分布着许多纳米级的二级结构。研究表明，此类结构被称为Lotus模型，也具有超疏水现象，如图1.18（c）所示。另外，许多实际固体表面的浸润过程介于Cassie和Baxter 模型之间，一般采用Cassie–Baxter 过渡模型，如图1.18（d）所示。液滴与不均匀粗糙表面的浸润性由液–固接触界面和气–液接触界面共同决定。假设固体组分1，气体组分2，则液滴对两种组分的本证接触角分别为q_1 和 q_2，两种组分的面积分散分别为f_1和f_2，其中$f_1+f_2=1$，则Young 方程改写为Cassie–Baxter 方程：

$$\cos\theta_{cb} = f_1\cos\theta_1 + f_2\cos\theta_2 \tag{1-3}$$

由于空气与水的接触角为180°，结合Wenzel模型的粗糙度概念，则方程改写为：

$$\cos\theta_{cb} = rf_1\cos\theta_0 + f_1 - 1 \tag{1-4}$$

对于不润湿界面，液–固接触面积分数f_1越小，即表观接触角q_{cb}越大。因此，如果增加固体表面的粗糙度，则粗糙结构内截留更多的气体，使得液–气接触面积分数增大而使液–固接触面积分数减小，这样就可以有效增大液滴在固体表面的接触角，从而提高固体表面的疏水性能。

对于一般的Cassie-Baxter 模型而言，具有超疏水性能的表面，由于存在一定的接触角滞后现象，如果表面发生倾斜，液滴可以较容易地滚动滑落。但是在自然界中，如仿生壁虎的微观结构，具有超疏水性，但是水滴与这样的界面之间却具有很大的黏附力，即使翻转该表面，水滴也不会掉落，这样的界面之间的润湿性已经不能用传统的理论进行解释，被称为Gecko 模型，如图1.18（e）所示。Gecko 模型中，由于复合表面空气层一端与外界环境相通，另一端密闭与微观结构内部，当复合界面发生倾斜或翻转时，水滴受到外力作用，密闭与微观结构内的液滴体积发生变化，在微观结构内产生负压，从而表现出液滴与复合表面的粘附作用。

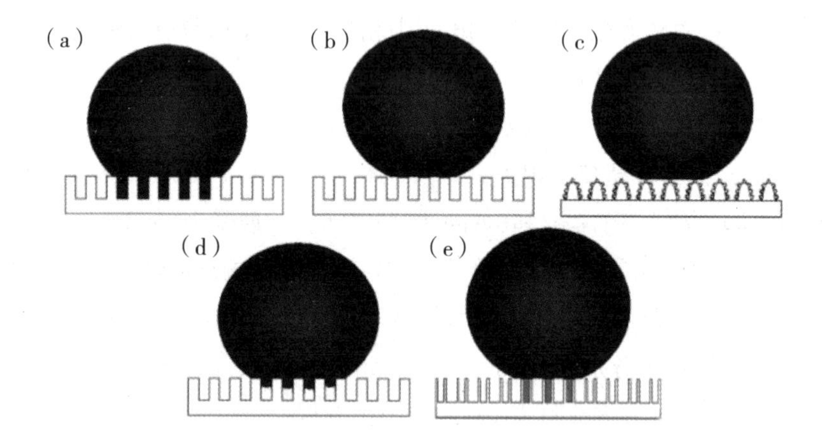

图1.18　液滴在粗糙固态基质表面固、液、气三相点界面各表面张力的示意图[75]

（a）Wenzel模型状态，（b）Cassie模型状态，（c）Lotus 模型，（d）Cassie-Baxter模型，（e）Gecko 模型

1.5 高温液态金属基本物理性质

在涉及液态金属或合金的粉末冶金工艺中，特别是高温液态金属与基底材料之间界面现象如润湿或不润湿性，要清楚地理解其中的各种控制机制，还必须了解液态金属的物理化学性质，如表面能、黏滞性、饱和蒸汽压等[76]。一般而言，高温液态金属在固体表面润湿性研究主要有两个因素主导，一是高温液态金属物理化学性质，二是固体介质的物理化学性以及几何结构[10, 11]。早期，关于高温液态金属的基础物理性质，如合金液滴表面能和界面能、高温液滴流体力学、液滴冷却凝固行为、液滴合并现象等，人们进行了深入研究[8]。

1.5.1 液态金属表面能

在讨论液态金属或合金的基本性质时，液态金属的表面能是不可或缺的基本物理量[76]。热力学上将表面张力定义为单位面积的表面自由能，力学上则代表温度不变时产生新的单位面积所需要的功，对于同一种材料，表面张力和表面能的数值意义相同，表面能的单位J/m^2等价表面张力的单位N/m。表面张力是一种拉力，由分子的内聚力引起，在液体内部，分子在各方向受均等的拉力，因此液体内部分子受到的合力为零。但是在液体表面的分子受到内层分子向内的拉力，宏观上表现为液体表面均匀受力。大部分液态金属的表面张力均由实验测定，但是精确的测定液态金属的表面张力十分困难。图1.19是金属表面能实验室数据的分布规律，人们发现熔融金属的表面张力随着熔点上升有增加的趋势，而且熔点附近的表面张力依赖原子序数，如图1.19所示。

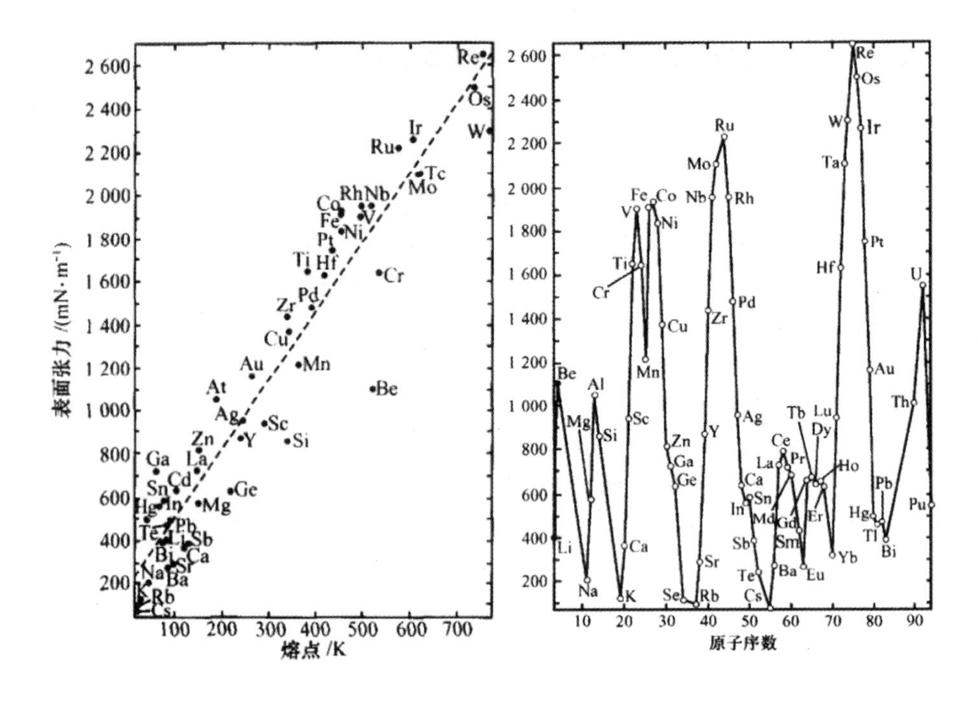

图1.19　不同金属的表面张力值和表面张力值与原子序数的关系[77]

1.5.2　液态合金表面能

对于液态合金表面张力的测定和理论研究也进行了不少的尝试，但只取得了有限的结果。这主要因为熔融合金的表面张力除了依赖作用在相邻原子之间的黏附力的强度，还与合金中的组分性质以及组分之间的相互作用强烈关联。而且对于不同热力学特征的合金而言，熔融合金的表面张力随着组分的不同变化规律差异性较大。1932年以来，基于巴特勒模型计算二元或多元组分熔融合金表面张力获得较大的成功。巴特勒模型已经被证明是一个最简单、有效的模型。在几乎所有热力学类型的合金中，如正则溶液模型（ideal solution）、类正则溶液模型（subregular）、配合物溶液模型（Compound

Formation)、自凝聚溶液模型(Self-Aggregating)等，都可结合巴特勒方程计算熔融合金的表面张力[78-80]。

(1)巴特勒方程(Butler)

熔融合金表面张力计算的Butler方程如下：

$$\gamma = \gamma_i + \frac{RT}{S_i} \ln \frac{X_i^s}{X_i^b} + \frac{G_i^s - G_i^b}{S_i} \tag{1-5}$$

式中，S_i、R、γ_i分别表示合金中任一成分的表面积、气体常量和合金中任一成分的表面张力，G_i^s表示合金液滴表面任一成分的吉布斯自由能，G_i^b表示合金液滴的吉布斯自由能，X_i^s、X_i^b分别表示合金液滴表面任一组元的浓度和合金液滴任一组元的浓度。

$$S_i = 1.091 N_A \left(\frac{M_i}{\rho_i} \right)^{\frac{2}{3}} \tag{1-6}$$

式中，N_A、M_i、ρ_i分别表示阿伏加德罗常数、合金中任一成分的原子质量和合金中任一成分的密度。一般而言，理想溶液模型的合金液滴表面吉布斯自由能和液滴体吉布斯自由能的变化为零，也即理想溶液模型的合金液滴近似为纯金属液滴。

$$G_i^s = G_i^b \tag{1-7}$$

(2)配合物溶液模型

随着组元浓度的改变，金属间化合物在固态情况下的热力学性质表现出不连续变化。而在液相情况下，合金也表现出强或弱的配合物形成能力，如图1.20所示。因此，熔融状态下合金的形成能力可以通过吉布斯自由能的大小随着温度变化的情况来定量描述。液态合金的配合物形成能力，或者说团簇的形成能力按混合吉布斯自由能的大小，可以分为弱相互作用和强相互作用类型。例如：Cu-Sn、Al-Ti、Ag-Al和In-Sn等合金就属于弱相互作用类型[81-83]，而Bi-Mg、Al-Ni和Au-Sn等则属于强相互作用类型[84-86]。

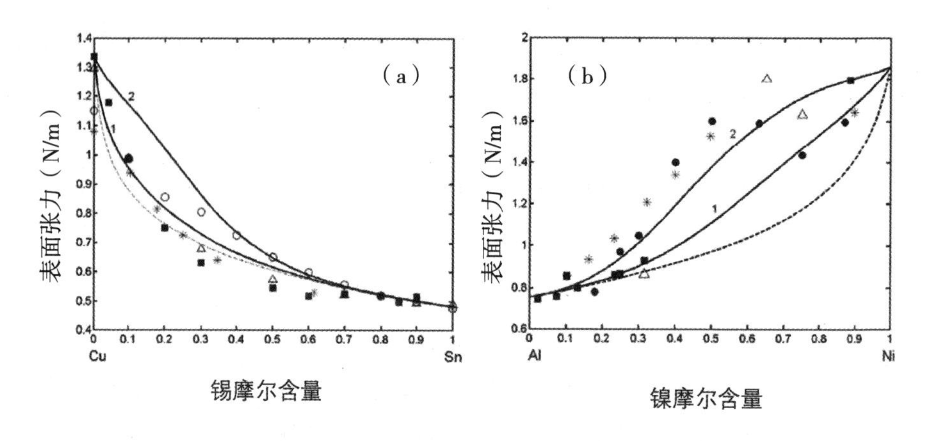

图1.20　液态合金表面张力的实验与计算拟合结果[81, 84]

（a）弱相互作用类型Cu-Sn合金，（b）强相互作用Al-Ni合金

（3）自凝聚溶液模型

共晶或偏晶平衡相图中，有一类合金在液态中表现出相分离或不互熔，而且随着组分的添加或改变，这种合金的热力学性质表现出相反的趋势[87-92]。其中，Cu-Fe二元合金就是一个典型的不互熔合金，平衡相图如图1.21所示。

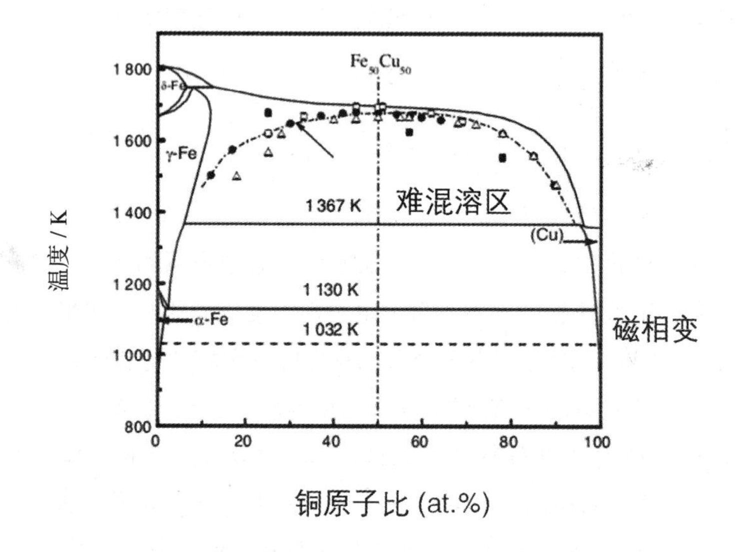

图1.21　高温液相不互熔Cu-Fe合金相图[93]

在相分离的过程中，两个不互溶液相之间的界面张力起着非常重要的作用。应用比较广泛的计算二元A-B型难溶合金的液-液界面张力公式如下[94]：

$$\gamma=\gamma_A+\frac{\kappa_B T}{\alpha}\left\{\ln\frac{C_A^{\ S}}{C_A}+p\left[\ln\frac{C_A\varphi^S}{C_A^{\ S}\varphi}+\frac{\left(\varphi C_A^{\ S}-\varphi C_A\right)\left(\varphi^S-\varphi\right)}{C_A C_A^{\ S}}\right]+\right.$$

$$\left.q\left[\ln\frac{C_A}{\varphi}+\frac{\varphi-C_A}{C_A}\right]+\frac{W_i}{\kappa_B T}\left[p\left(1-\phi^S\right)^2+(q-1)(1-\phi)^2\right]\right\} \quad (1-8)$$

$$\gamma=\gamma_B+\frac{\kappa_B T}{\alpha}\left\{\ln\frac{C_B^{\ S}}{C_B}+p\left[\ln\frac{C_B\left(1-\varphi^S\right)}{C_B^{\ S}(1-\varphi)}+\frac{(i-j)\left(\varphi^S-\varphi\right)}{i}\right]-\right.$$

$$\left.q\left[\ln\frac{1-\varphi}{C_B}+\frac{\varphi(i-j)}{i}\right]+\frac{W_j}{\kappa_B T}\left[p\left(\phi^S\right)^2+(q-1)(\phi)^2\right]\right\} \quad (1-9)$$

式中，γ和C分别表示表面张力和原子浓度，α为熔融合金液滴平均表面积。p和q分别为组元在熔融合金表面的配位数，满足$p+2q=1$，W为原子间相互作用参数，i和j为自凝聚原子数目。

通过对比实验结果和理论模型，如图1.22所示，发现计算结果与实验结果吻合得比较好。

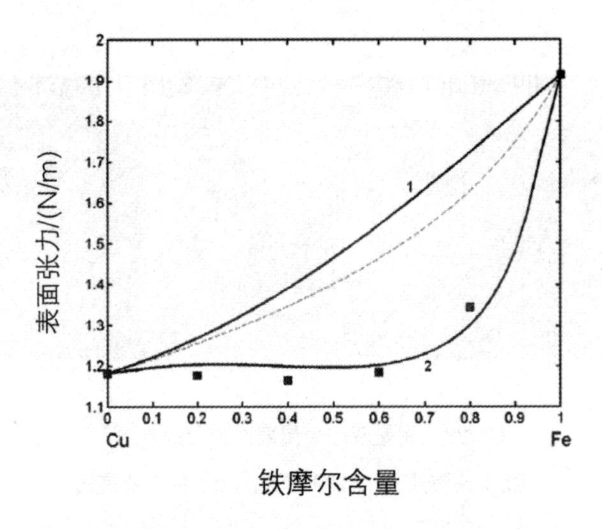

图1.22 CuFe合金表面张力的实验与计算拟合结果[95]

曲线2为自凝聚溶液模型，黑色方块为实验测量数据

另外，界面张力与温度和浓度有关，只要存在温度梯度或者浓度梯度，就会产生界面张力梯度从而引起液滴的对流。这种由温度梯度或浓度梯度引起的对流称Marangoni对流。界面张力随温度的变化，即界面张力温度系数影响液滴的Marangoni对流运动速率[96, 97]。

1.5.3 液态金属或合金表面能的测量方法

液态金属或合金表面能（张力）的测量，无论是对于液态合金的界面反应动力学研究，还是在晶体生长、铸造合金、工艺优化和材料设计中都起着重要的作用[98]。实验中测定液态合金表面张力有多种方法，按照测量原理分为动力学和静态测量两大类[99-102]，主要包括毛细管上升法、最大液滴法、最大气泡压力法、座液法、磁悬浮法、滴重法、振动液滴法等。其中典型的静态测量方法是座液法又叫静滴法，是根据水平垫片上自然形成的液滴形状计算表面张力，如图1.23（a）所示。不难看出，要准确测量液滴的表面张力，必须严格控制垫片的材质以及和金属液滴的界面反应。

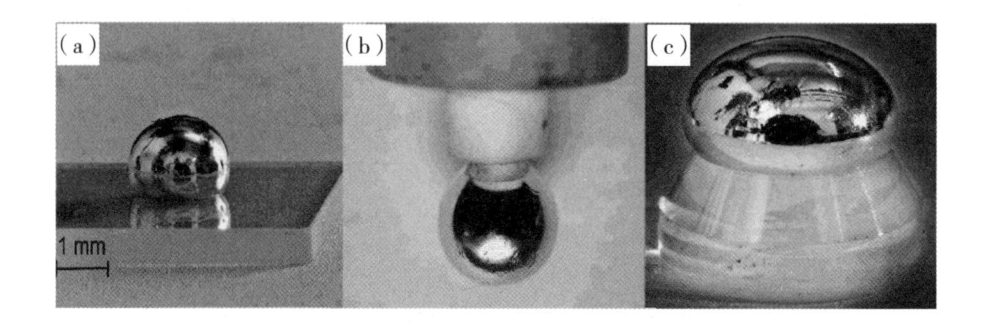

图1.23　测量液态金属表面张力的方法[103]

（a）座液法，（b）悬液法，（c）最大液滴法

1.5.4 液态金属的黏滞性

当液体中存在某种物理量的梯度时，如表面张力梯度、温度梯度、重力梯度、磁场梯度、物质浓度梯度等，液体中就会存在输运的过程。当流体在外力作用下，流体层间出现相对运动时，阻抗流体层间相对运动的内摩擦力称为黏滞性[104]。黏性是流动的流体具有的性质，即静止的流体不呈现黏性；此外，黏性的作用表现为阻碍流体内部的相对滑动，从而阻碍流体的流动。从应用角度而言，黏滞性是定量解决流体行为以及冶金过程中与反应动力学相关问题的主要物理量[105, 106]。从理论角度而言，液态动力学研究中如扩散行为的研究，黏滞性是一个必不可少的物理量。

1.5.5 液态金属饱和蒸汽压

液态金属或合金的蒸汽压是一个重要的热力学性质，反应了液态金属或合金内聚能和结合能[76, 107]。从制备工艺上看，可以在提炼工艺中利用金属元素或杂质不同挥发条件提纯金属，但减少金属的挥发损失也十分重要[108]。由于蒸汽压的大小随着温度升高呈指数函数变化如图1.24所示，因此，液态金属或合金在高温下的挥发急剧提高。在传统金属球形粉末的制备工艺中，元素的挥发不可避免，甚至无法控制。由于液态合金的表面能对合金组分十分敏感，因此在对于一些含有活性元素的合金而言，传统工艺很难制备高质量的球形金属粉末。

从传统润湿或不润湿现象出发，认知和调节界面的润湿行为，开发出基于金属液滴在固体界面的界面张力作用制备球形金属颗粒的方法，主要涉及高温液态金属与固态基底界面复杂的物理化学过程，即涉及非反应体系和反应体系。非反应体系指金属液滴与固态基质表面接触前后几乎不发生反应的体系。润湿行为的主要驱动力来源于液–固界面取代气–固界面的界面能发生变化，而阻力则来自金属液体的黏滞度。反应体系是指高温情况下金属活性元素挥发、基底材料扩散与吸附、化学反应以及生产反应物等，润湿驱动力将表现更为复杂。目前反应体系润湿驱动力具有代表性的模型主要有两种：局部反应控制润湿模型和扩散控制润湿模型。

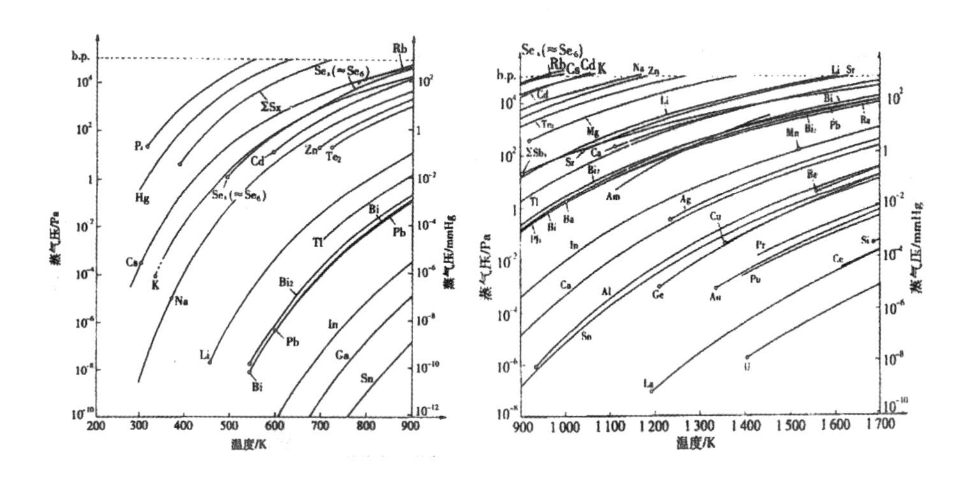

图1.24　液态金属平衡蒸汽压与温度的关系[76]

1.6　研究意义

球形粉末因其具有良好的流动性和较高的振实密度在众多领域得到越来越广泛的应用。在粉末冶金注射成型领域中，采用球形粉末制备的胚体密度高，烧结过程中胚体收缩均匀，因而获得的制品精度高、性能好。如在热喷涂领域，球形粉末因其良好的流动性，使所制得的涂层更加均匀、致密，因而涂层具有更好的耐磨性；特别是在对粉末质量要求更高的金属3D打印技术、球栅电子封装等先进制造技术中具有更加明显的优势。因此，如何实现高性能金属球形粉末的低成本、产业化生产已经成为制约先进粉末冶金产品等发展的重要因素。目前，金属球形粉末的制备方法主要有液态金属雾化、液滴喷射法、切丝或打孔重熔法、电火花等离子体腐蚀法等。然而，无论是金属液滴/气体界面（即：液/气界面）方法，还是金属液滴/液体界面（即：液/液界面）方法制备金属颗粒在球化过程中，均无法同时兼顾高质量球形形貌和合金的热履历、气压、尺寸等，而且对制备设备要求较高，生产成本普遍昂贵。如何解决上述问题，找到一种低成本制备出各种高质量球形粉末的制造方法对于先进材料的发展以及精密装备制造具有重要意义。

在基于液体在固体表面去润湿行为的启发下，采用一种非金属碳材料或陶瓷材料粉末作为固体分散介质，利用液态金属/非金属粉末界面低润湿性（即:液/固界面），结合液态金属的表面张力效应，制备出球形单质金属和复杂结构的合金球形粉末。实验成功实现在固态介质中球化，进行了制备技术原理上创新，拓展了传统金属球形粉末制备技术，特别是在热履历、气氛气压、形貌、尺寸等方面实现独立可控，具有一定的普适性和可控性，解决了传统技术无法克服的困难。该方法简单有效，可广泛应用于结构可控、高质量球形金属粉末的制备。

参考文献

[1] U.M. Attia，J.R. Alcock.A review of micro-powder injection moulding as a microfabrication technique[J]. Journal of Micromechanics and microengineering，2011，21：043001.

[2] L. Kathy，W.T. Reynolds.3DP process for fine mesh structure printing[J]. Powder Technology，2008，187：11-18.

[3] 郭晓晓.高密封装用钎焊球制备技术及工艺研究[D]. 洛阳：河南科技大学，2009.

[4] M.O. Alam，B.Y. Wu，Y.C. Chan，et al.High electric current density-

induced interfacial reactions in micro ball grid array (mu BGA) solder joints[J]. Acta Mater.，2006，54：613–621.

[5] 韩凤麟.2014年全球粉末冶金产业发展概况[J] .粉末冶金工业，2014：1–5.

[6] 黄伯云，易健宏. 现代粉末冶金材料和技术发展现状（一）[J].上海金属，2007（3）1–7.

[7] L. Kondic，J.A. Diez，P.D. Rack，et al.Nanoparticle assembly via the dewetting of patterned thin metal lines: Understanding the instability mechanisms[J]. Physical Review E，2009，79：026302.

[8] J.T. McKeown，Y. Wu，J.D. Fowlkes，et al.Simultaneous In-Situ Synthesis and Characterization of Co Cu Core-Shell Nanoparticle Arrays[J]. Advanced Materials，2015，27：1060–1065.

[9] M. Pech–Canul，R. Katz，M. Makhlouf，et al.The role of silicon in wetting and pressureless infiltration of SiCp preforms by aluminum alloys[J]. Journal of materials science，2000，35：2167–2173.

[10] K. Th ü rmer，E. Williams，J. Reutt–Robey. Dewetting dynamics of ultrathin silver films on Si(111) [J] . Physical Review B，2003，68：155423.

[11] J. Trice，D. Thomas，C. Favazza，et al.Pulsed–laser–induced dewetting in nanoscopic metal films: theory and experiments[J] . Physical Review B，2007，75：235439.

[12] P. Wynblatt.The effects of interfacial segregation on wetting in solid metal–on–metal and metal–on–ceramic systems[J]. Acta materialia，2000，48：4439–4447.

[13] 宋金龙.工程金属材料极端润湿性表面制备及应用研究[D]. 大连：大连理工大学，2015.

[14] 潘帅军.特殊润湿功能表面的理论、构筑与应用[D]. 长沙：湖南大学，2015.

[15] 时来鑫.Mg–Al合金熔体在三种常用增强体陶瓷基板上的润湿[D]. 长春：吉林大学，2013.

[16] 郭晓梅.注射成形用球形粉末制备技术及其性能研究[D]. 沈阳：东北

大学，2010.

[17] I.C. Sinka，L.C.R. Schneider，A.C.F. Cocks.Measurement of the flow properties of powders with special reference to die fill [J]. International Journal of Pharmaceutics，2004，280：27–38.

[18] G.J. Shu，K.S. Hwang，Y.T. Pan.Improvements in sintered density and dimensional stability of powder injection–molded 316L compacts by adjusting the alloying compositions[J]. Acta Mater.，2006，54：1335–1342.

[19] C.Y. Wu，L. Dihoru，A.C.F. Cocks.The flow of powder into simple and stepped dies[J] .Powder Technology，2003，134：24–39.

[20] 董伟，李颖，付一凡，等，均一球形微米级粒子制备技术的研究进展[J] . 材料工程，2012（9）：92–98.

[21] Y.D. Lu，X.Q. He，Y.F. En，et al.Polarity effect of electromigration on intermetallic compound formation in SnPb solder joints[J] .Acta Mater.，2009，57：2560–2566.

[22] J. Yonggang，X. Baraton，S.W. Yoon，et al. Next generation eWLB（embedded wafer level BGA）packaging [C]. 12th Electronics Packaging Technology Conference（EPTC），2010：520–526.

[23] 邓贤辉，杨治军.钛合金增材制造技术研究现状及展望[J]. 材料开发与应用，2014，29（3）：113–120.

[24] 黄秋实，李良琦，高彬彬. 国外金属零部件增材制造技术发展概述[J]. 国防制造技术，2012：26–29.

[25] 胡捷，廖文俊，丁柳柳，等.金属材料在增材制造技术中的研究进展[J]. 材料导报，2014（5）：459–462.

[26] C. Ladd，J.H. So，J. Muth，et al.3D printing of free standing liquid metal microstructures[J]. Advanced Materials，2013，25：5081–5085.

[27] S.F. Yang，J.R.G. Evans. A multi–component powder dispensing system for three dimensional functional gradients[J]. Mater. Sci. Eng. A–Struct. Mater. Prop. Microstruct. Process.，2004，379：351–359.

[28] K. Lu，M. Hiser，W. Wu. Effect of particle size on three dimensional printed mesh structures[J].Powder Technology，2009，192：178–183.

[29] 李瑞迪.金属粉末选择性激光熔化成形的关键基础问题研究 [D]. 武汉：华中科技大学，2010.

[30] 潘娜.金属3D打印技术，引领新世界[J]. 天津冶金，2015（1）：29–32.

[31] J. Banhart.Manufacture，characterisation and application of cellular metals and metal foams[J]. Progress in Materials Science，2001，46：559–632.

[32] Q.Z. Wang，W.J. Liu，D.M. Lu，et al.Open–celled porous Cu prepared by replication of a new space–holder[J]. Materials Letters，2015，142：52–55.

[33] S.M. Nahvi，M. Jafari.Microstructural and mechanical properties of advanced HVOF–sprayed WC–based cermet coatings[J]. Surface and Coatings Technology，2016，286：95–102.

[34] E. Dongmo，M. Wenzelburger，R. Gadow.Analysis and optimization of the HVOF process by combined experimental and numerical approaches[J]. Surface and Coatings Technology，2008，202：4470–4478.

[35] Z. Xiao，Y. Zhao.Heat transfer coefficient of porous copper with homogeneous and hybrid structures in active cooling[J]. Journal of Materials Research，2013，28：2545–2553.

[36] A.M. Parvanian，M.Panjepour. Mechanical behavior improvement of open–pore copper foams synthesized through space holder technique[J]. Materials & Design，2013，49：834–841.

[37] Q.Z. Wang，C.X. Cui，S.J. Liu，et al.Open–celled porous Cu prepared by replication of NaCl space–holders[J]. Materials Science and Engineering: A，2010，527：1275–1278.

[38] D.J. Thewsey，Y.Y. Zhao.Thermal conductivity of porous copper manufactured by the lost carbonate sintering process[J]. physica status solidi（a），2008，205：1126–1131.

[39] Y.Y. Zhao，T. Fung，L.P. Zhang，et al.Lost carbonate sintering process for manufacturing metal foams[J]. Scripta Materialia，2005，52：295–298.

[40] 程汉池，栗卓新，汤春天. 喷雾造粒在热喷涂中的应用研究[J]. 中国化工装备，2005，（4）：19–24.

[41] 贡太敏.HVOF用高性能硬质合金喷涂粉末的制备技术及其基础理论研究[D].长沙：中南大学，2012.

[42] 赵丽美.镍基自熔性合金粉末的制备及其涂层耐蚀性能的研究[D]. 兰州：兰州理工大学，2007.

[43] R. Li，Y. Shi，Z. Wang，et al.Densification behavior of gas and water atomized 316L stainless steel powder during selective laser melting[J]. Applied Surface Science，2010，256：4350-4356.

[44] S.Y. Chang，D.H. Lee，B.S. Kim，et al. Characteristics of Plasma Electrolytic Oxide Coatings on Mg-Al-Zn Alloy Prepared by Powder Metallurgy[J]. Met. Mater.-Int.，2009，15：759-764.

[45] J.J. Guo，Y.Q. Dong，Q.K. Man，et al. Fabrication of FeSiBPNb amorphous powder cores with high DC-bias and excellent soft magnetic properties[J]. J. Magn. Magn. Mater.，2016，401：432-435.

[46] Y. Senuma，S. Franceschin，J.G. Hilborn，et al. Bioresorbable microspheres by spinning disk atomization as injectable cell carrier: from preparation to in vitro evaluation，Biomaterials，2000，21：1135-1144.

[47] S. Hata，T. Hashimoto，A. Kuwano，et al.Microstructures of Ti50Al45MO5 alloy powders produced by plasma rotating electrode process[J]. J. Phase Equilib.，2001，22：386-393.

[48] H.S. Fogler，K.D. Timmerhaus，Ultrasonic atomization studies[J]. J. Acoust. Soc. Am.，1966，39：515-518.

[49] J.A. Gan，C.C. Berndt，Y.C. Wong，et al. Void Formation and Spatial Distribution in Plasma Sprayed Nd-Fe-B Coatings[J]. J. Therm. Spray Technol.，2013，22：337-344.

[50] I. Otsuka，K. Wada，Y. Maeta，et al. Magnetic Properties of Fe-Based Amorphous Powders With High-Saturation Induction Produced by Spinning Water Atomization Process（SWAP）[J]. IEEE Trans. Magn.，2008，44：3891-3894.

[51] 李颖.均匀球形微米级粒子的制备及评价研究[D]. 大连：大连理工大学，2012.

[52] C.H. Passow. A study of spray forming using uniform droplet sprays[D].

Massachusetts Institute of Technology，1992.

[53] K. Takagi，S. Masuda，H. Suzuki，et al. Preparation of monosized copper micro particles by pulsated orifice ejection method[J]. Mater. Trans.，2006，47：1380–1385.

[54] S. Masuda，K. Takagi，W. Dong，et al. Solidification behavior of falling germanium droplets produced by pulsated orifice ejection method[J]. J. Cryst. Growth，2008，310：2915–2922.

[55] A. Miura，W. Dong，M. Fukue，et al. Preparation of Fe–based monodisperse spherical particles with fully glassy phase[J]. Journal of Alloys and Compounds，2011，509：5581–5586.

[56] 赵丽.基于脉冲微孔喷射法（POEM）制备微粒子的理论建模与数值模拟[D].大连：大连理工大学，2014.

[57] 郭晓晓，闫焉服，冯丽芳，等. 球化温度对BGA钎焊球质量的影响[J]. 热加工工艺，2009，38（9）：8–10.

[58] 黄丽梅，王国欣，郭晓晓，等. 球化温度对BGA钎焊球真球度及表面质量的影响[J]. 热加工工艺，2009，38（21）：36–38.

[59] 郭晓晓，闫焉服，冯丽芳，等. 球化剂种类对BGA焊球质量的影响[J]. 焊接学报，2010，31（4）：109–112.

[60] 刘海霞.微电子BGA 焊球制备方法的研究[D]. 北京：北京工业大学，2005.

[61] A.E. Berkowitz，M.F. Hansen，F.T. Parker et al. Amorphous soft magnetic particles produced by spark erosion，J. Magn. Magn. Mater.，2003，卷254：1–6.

[62] 郭双全，鲍俊敏，夏敏，等. 火花等离子体放电制备粉末技术[J]. 材料导报，2010，24（19）：112–116.

[63] A.E. Berkowitz，J.L. Walter. Spark erosion: A method for producing rapidly quenched fine powders[J]. Journal of Materials Research，1987，2：277–288.

[64] A.E. Berkowitz，H. Harper，D.J. Smith，et al.Hollow metallic microspheres produced by spark erosion[J].Applied Physics Letters，2004，85：

940.

[65] 庞小龙.二维微结构表面浸润性研究[D]. 南京：南京邮电大学，2013.

[66] 王会杰.超疏水功能界面的制备及应用[D]. 合肥：中国科学技术大学，2015.

[67] 张泓筠.超疏水表面微结构对其疏水性能的影响及应用[D]. 湘潭：湘潭大学，2013.

[68] 王晓俊.蛾翅膀表面疏水性能研究及仿生材料的制备[D]. 长春：吉林大学，2012.

[69] J.G. Li.Wetting of ceramic materials by liquid silicon，aluminium and metallic melts containing titanium and other reactive elements: A review[J]. Ceramics International，1994，20：391–412.

[70] K. Landry，S. Kalogeropoulou，N. Eustathopoulos.Wettability of carbon by aluminum and aluminum alloys[J]. Materials Science and Engineering: A，1998，254：99–111.

[71] T. Young. An essay on the cohesion of fluids[J]. Philosophical Transactions of the Royal Society of London，1805，95：65–87.

[72] M. Nosonovsky. On the range of applicability of the Wenzel and Cassie equations，Langmuir，2007，23：9919–9920.

[73] R.N. Wenzel. Surface Roughness and Contact Angle[J]. The Journal of Physical Chemistry，1949，53：1466–1467.

[74] V. Hejazi，A.D. Moghadam，P. Rohatgi，et al. Beyond Wenzel and Cassie－Baxter：second-order effects on the wetting of rough surfaces，Langmuir，2014，30：9423–9429.

[75] S. Wang，L.Jiang.Definition of superhydrophobic states[J]. Advanced Materials，2007，19（21）:3423–3424.

[76] 冼爱平，王连文.液态金属的物理性能[M].北京：科学出版社，2006.

[77] 袁章福，柯家骏，李晶.金属及合金的表面张力[M].北京：科学出版社，2006.

[78] R. Novakovic，E. Ricci，D. Giuranno，et al. Surface and transport properties of Ag-Cu liquid alloys[J].Surface Science，2005，576：175–187.

[79] J.–M. Zhang, G.X. Chen, K.W. Xu.Atomistic study of self–diffusion in Cu–Ag immiscible alloy system[J]. Journal of Alloys and Compounds, 2006, 425: 169–175.

[80] J. Pstruś. Surface tension and density of liquid In – Sn – Zn alloys[J]. Applied Surface Science, 2013, 265: 50–59.

[81] E. Ricci, D. Giuranno, I. Grosso, et al. Surface Tension of Molten Cu–Sn Alloys under Different Oxygen Containing Atmospheres[J]. Journal of Chemical & Engineering Data, 2009, 54: 1660–1665.

[82] I. Egry, D. Holland–Moritz, R. Novakovic, et al. Thermophysical properties of liquid AlTi–based alloys[J]. International Journal of Thermophysics, 2010, 31: 949–965.

[83] R. Novakovic, D. Giuranno, E. Ricci, et al. Surface and transport properties of In – Sn liquid alloys[J]. Surface Science, 2008, 602: 1957–1963.

[84] R. Aune, S. Seetharaman, L. Battezzati, et al. Surface tension measurements of Al–Ni based alloys from ground–based and parabolic flight experiments: Results from the thermolab project[J].Microgravity–Science and Technology, 2006, 18: 73–76.

[85] R. Novakovic, E. Ricci, F. Gnecco, et al. Surface and transport properties of Au – Sn liquid alloys[J].Surface science, 2005, 599: 230–247.

[86] A. Bhatia, W. Hargrove.Concentration fluctuations and thermodynamic properties of some compound forming binary molten systems[J]. Physical Review B, 1974, 10: 3186.

[87] 马炳倩.Cu基难混溶合金核壳结构的形成机理[D]. 北京：中国地质大，2014.

[88] C. Wang, X. Liu, I. Ohnuma, et al. Formation of immiscible alloy powders with egg–type microstructure[J]. Science, 2002, 297: 990–993.

[89] J. Dalmas, H. Oughaddou, C. Léandri, et al. Ordered surface alloy formation of immiscible metals: The case of Pb deposited on Ag（111）[J]. Physical Review B, 2005, 72: 155424.

[90] R. Shi, C. Wang, D. Wheeler, et al.Formation mechanisms of self–

organized core/shell and core/shell/corona microstructures in liquid droplets of immiscible alloys[J]. Acta Mater., 2013, 61: 1229–1243.

[91] B. Luo, X. Liu, B. Wei. Macroscopic liquid phase separation of Fe – Sn immiscible alloy investigated by both experiment and simulation[J]. Journal of Applied Physics, 2009, 106: 053523.

[92] S. Xiao, W. Hu, W. Luo, et al. Size effect on alloying ability and phase stability of immiscible bimetallic nanoparticles[J]. The European Physical Journal B–Condensed Matter and Complex Systems, 2006, 54: 479–484.

[93] C.D. Cao, Z. Sun, X.J. Bai, et al.Metastable phase diagrams of Cu–based alloy systems with a miscibility gap in undercooled state[J]. Journal of materials science, 2011, 46: 6203–6212.

[94] R. Singh, F. Sommer.Segregation and immiscibility in liquid binary alloys[J].Reports on Progress in Physics, 1997, 60: 57.

[95] J. Brillo, I. Egry. Surface tension of nickel, copper, iron and their binary alloys[J]. Journal of Materials Science, 2005, 40: 2213–2216.

[96] E. Saiz, A.P. Tomsia.Atomic dynamics and Marangoni films during liquid–metal spreading[J]. Nature materials, 2004, 3: 903–909.

[97] B. Keene.A review of the surface tension of silicon and its binary alloys with reference to Marangoni flow[J]. Surface and interface analysis, 1987, 10: 367–383.

[98] 石德全.液态合金表面张力快速检测及相关质量参数实时评价[D]. 哈尔滨：哈尔滨理工大学，2007.

[99] S. Ozawa, K. Morohoshi, T. Hibiya, et al. Influence of oxygen partial pressure on surface tension of molten silver[J]. Journal of Applied Physics, 2010, 107: 014910.

[100] H. Wang, B. Wei. Theoretical prediction and experimental evidence for thermodynamic properties of metastable liquid Fe – Cu – Mo ternary alloys[J]. Applied Physics Letters, 2008, 93: 171904.

[101] L. Liggieri, A. Passerone. An automatic technique for measuring the surface tension of liquid metals[J]. High Temperature, 1989, 7(2): 82–86.

[102] N. Eustathopoulos，B. Drevet.Surface tension of liquid silicon: High or low value?，J. Cryst. Growth，2013，371：77–83.

[103] I. Egry，E. Ricci，R. Novakovic，et al. Surface tension of liquid metals and alloys–recent developments，Advances in colloid and interface science，2010，159：198–212.

[104] 孙春静.金属熔体的黏滞特性及相关物性的研究[D]. 济南：山东大学，2007.

[105] T. Ishikawa，P.F. Paradis，J.T. Okada，et al. Viscosity measurements of molten refractory metals using an electrostatic levitator[J]. Measurement Science and Technology，2012，23：025305.

[106] D. Borin，S. Odenbach. Viscosity of liquid metal suspensions—experimental approaches and open issues[J]. The European Physical Journal Special Topics，2013，220：101–110.

[107] E. Turkdogan，P. Grieveson，L. Darken. Enhancement of diffusion–limited rates of vaporization of metals[J]. The Journal of Physical Chemistry，1963，67：1647–1654.

[108] P. Castello，E. Ricci，A. Passerone，et al. Oxygen mass transfer at liquid–metal–vapour interfaces under a low total pressure[J]，Journal of materials science，1994，29：6104–6114.

第2章　液–固界面去润湿效应球化金属液滴的原理

2.1　设计原理

关于液态金属在非金属固体基底上的去润湿行为早已被广泛研究，例如人们发现在传统金属薄膜溅射中容易出现孔洞或岛状缺陷，液相烧结球化以及石墨或陶瓷基底的钎焊焊接中出现发汗现象等[1–3]。这些主要都涉及到液态金属与非金属之间的润湿性问题。

2.1.1　金属液滴一维结构去润湿行为

合成和组装具有独特结构的功能纳米材料是纳米级器件发展的主要趋势，特别是自上而下的光刻构图制备，广泛应用于微纳米电子、光学、生物和机械[4]。近来，人们发现利用构图印刷（图2.1）制备技术，制备一维金属纳米线，通过高温热处理可以进一步制备具有周期性的点阵结构[4]。

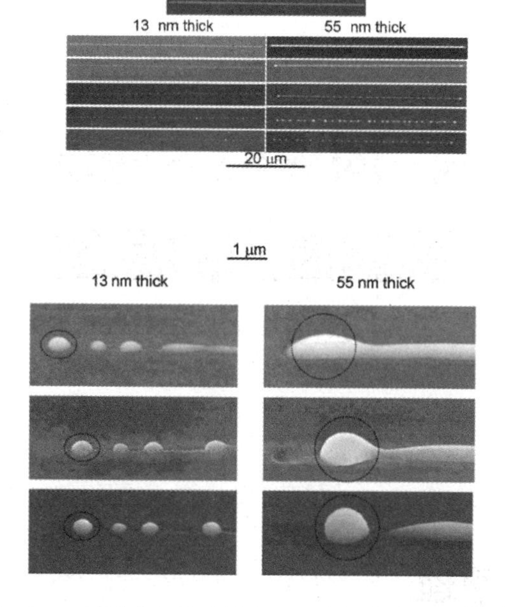

图2.1 一维Ni金属纳米线在硅基底上的去润湿球化[4]

最近，A. Habenicht 等[5]通过印刷技术在玻璃基底上制备周期性Au三角点阵，发现了高温情况的去润湿行为，研究了熔融Au液滴在固体基底上的动力学过程，如图2.2所示。

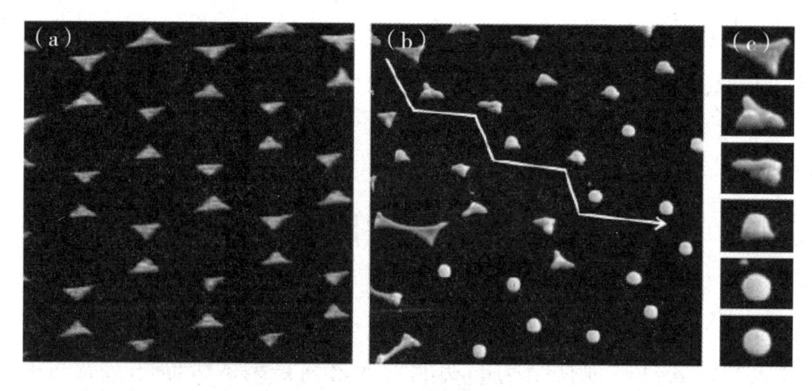

图2.2 二维三角Au点阵梯度温度下的熔融球化动力学过程[5]

2.1.2　金属液滴二维结构去润湿行为

过去几十年里，液态金属薄膜在固体基底表面的动力学过程已被广泛研究。最早关于薄膜孔洞形成的研究表明（图2.3），液态薄膜一旦由于形核缺陷形成孔洞后，在固体基底上表面张力或毛细作用下，将诱导物质输运形成二维的自组装过程[6]。

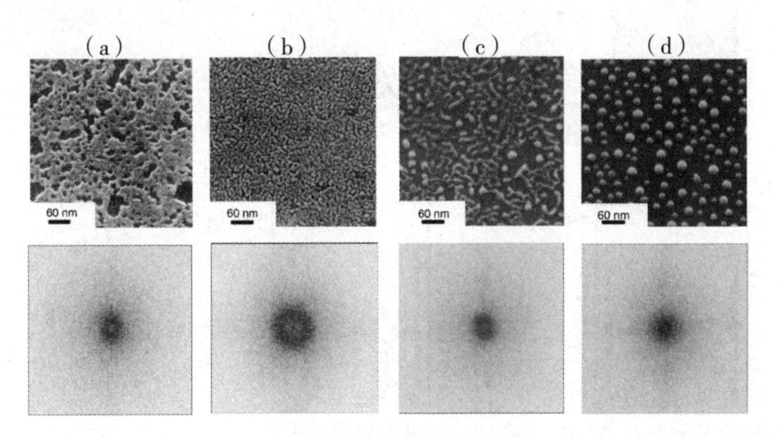

图2.3　二维金属薄膜去润湿自组装球化阵列[6]

最近，Joseph T. McKeown 等[7]就成功利用这种自组装技术，研究了液态合金在非金属基底的去润湿行为，制备了具有复杂核壳结构的铜包钴纳米阵列结构，如图2.4所示。主要是通过在硅基底上逐层溅射Cu和Co两种金属薄膜，采用激光快速加热技术，熔融自组装成复杂结构纳米阵列。

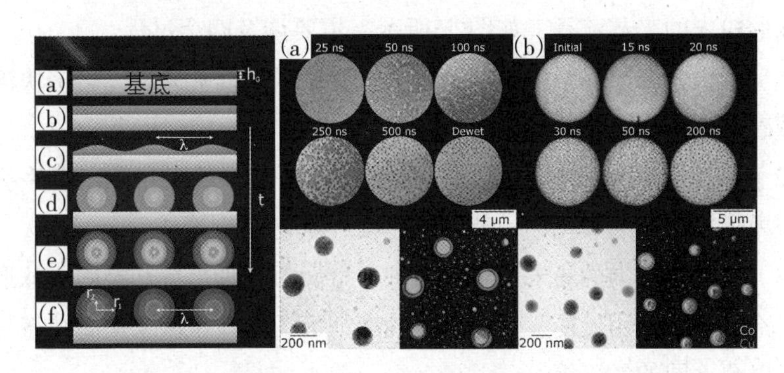

图2.4　原位去润湿制备复杂核壳结构的Cu–Co合金[7]

2.1.3 金属液滴三维结构去润湿行为

基于金属液滴被三维包裹在固体介质中去润湿行为，路线如图2.5所示，设计利用液-固界面张力的作用，实现液态金属的球化制备。

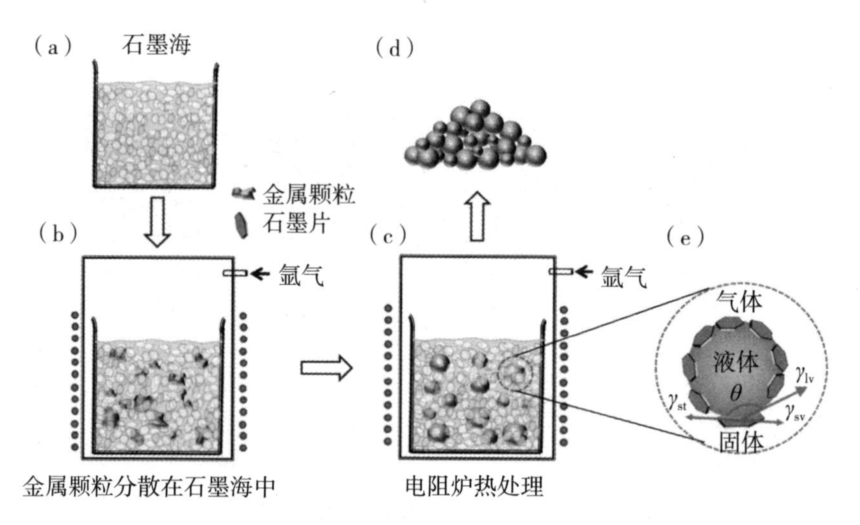

图2.5 液-固界面去润湿效应制备球形金属粉末实验流程图

本书设计不同的材料体系，研究了熔融金属液滴的物理性质、热履历、凝固速度、氛围气压以及固体介质种类等对液-固界面去润湿行为的影响。无特殊说明，文中的金属均指单质金属或合金。液-固界面去润湿效应制备金属球形粉末的工艺流程，如图2.5所示。主要涉及四个过程。

（1）金属粉末原材料的准备过程，试验中通过商业来源，熔炼快淬，熔炼机械破碎，金属氧化物还原等。

（2）将原材料粉末与固态基底介质均匀混合，基底介质：鳞片状石墨粉、石墨烯粉、超细氧化铝、超细氧化镁、氮化硼粉等。

（3）将混合均匀的粉末置于高温炉中熔融热处理后冷却凝固成球形金属粉末。冷却过程采用慢冷、快淬、可控冷却等，气体氛围采用高纯氩气、高纯氢气以及不同的气压等。

（4）收集金属或合金球形粉末。将热处理后的混合粉末通过水溶液、乙醇溶液等超声分离，对于磁性材料粉末辅助磁选超声分离。

2.2　原材料及介质材料设计

2.2.1　原材料及基础

金属液滴在固体界面的界面润湿性研究，主要涉及高温液态金属与固态基底界面复杂的物理化学过程，即涉及非反应体系和反应体系。非反应体系指金属液滴与固态基质表面接触前后几乎不发生反应的体系。润湿行为的主要驱动力来源于液-固界面取代气-固界面的界面能发生变化，而阻力则来自金属液体的黏滞度。反应体系是指高温情况下金属活性元素挥发、基底材料扩散与吸附、化学反应以及生产反应物等，润湿驱动力将表现更为复杂。目前反应体系润湿驱动力具有代表性的模型主要有两种：局部反应控制润湿模型和扩散控制润湿模型。因此，针对非反应体系和反应体系，我们设计了两类需要金属粉末材料的球形化制备。表2.1是本实验需要制备的球形金属粉末类型和实验条件。

表2.1　液-固界面去润湿性固体介质基底材料

分散介质	表面能	液态金属接触角（℃）
石墨	54 ~ 150 mJ/m^2	C/Cu ~140（1077 ℃）， C/Sn~123（300~700 ℃）， C/Ag-Sn~125~142， C/Al~150（660~800 ℃） C/Mg~115~145

续表

分散介质	表面能	液态金属接触角（℃）
氧化铝	560 ~ 800 mJ/m^2	Al/ Al_2O_3~103（900 ℃） NiPb/ Al_2O_3~103（900 ℃） Cu/ Al_2O_3 ~138（1077 ℃）
氧化镁	900 ~ 1300 mJ/m^2	
硅	1100 ~ 1300 mJ/m^2	
氯化钠	200 ~ 300 mJ/m^2	

（1）初始金属或合金粉。实验所用金属或合金原料粉可采用商业用粉。例如，非晶铁硅硼磁性合金粉末来自安泰科技股份有限公司的商业磁粉，主要是通过真空熔炼铁硅硼合金，熔融快淬成条带后气流磨破碎制备的金属粉末。CuSn青铜合金、CuZn黄铜合金粉末等采用了长沙天久金属材料有限公司的雾化粉末。黄铜合金粉末由于不同锌比例的黄铜粉末结果显示出不同颗粒形貌。通过采用不同原材料，研究了金属液滴在固态介质去润湿效应的球化机制的气压调节。

（2）氢气还原金属氧化物。为了进一步研究液–固界面去润湿效应制备球形合金粉末的适用性和拓展性，通过氢气还原金属氧化物，结合熔融金属液滴原位界面去润湿效应制备了单质金属球形粉末和合金球形粉末。例如：镍盐、铁盐、氧化铜、氧化锡、醋酸铜盐等作为原材料制备了超细FeNi合金、超细Cu、超细Sn、超细CuSn合金等球形粉末。

2.2.2 液–固界面去润湿效应介质材料及常见金属浸润角

基于液体在固体表面去润湿行为，采用一种非金属碳材料或陶瓷材料粉末作为固体分散介质，利用液态金属/非金属粉末界面低润湿性（即液/固界面），结合液态金属的表面张力效应，制备出球形单质金属和复杂结构的合金球形粉末。一般而言，高温液态金属在固体表面润湿性研究主要有两个因素主导，其一，高温液态金属物理化学性质，其二，固体介质的物理化学性以及几何结构。因此，作为固体分散材料，需要满足一定条件，即：

（1）金属材料在固体分散材料表面有不润湿性或低润湿性。

（2）固体材料对于高温液态金属而言，化学稳定，惰性好不涉及界面反应。

（3）固体分散材料容易与球形金属粉末分离。

表2.1列举了几种常见可适用于金属液滴-介质界面去润湿性的材料。其中，石墨和氧化铝陶瓷粉末高温下较为稳定；其次，对于大多数液态金属均表现出低润湿性或不润湿；石墨或氧化铝粉体材料密度较小，相对于金属粉末材料而言容易分离。

表2.2列举了金属铁液滴-介质界面的界面能的实验值。可以通过液态金属液滴-基底的界面能，基于Young模型可计算液态金属在基底上的接触角。

表2.2 液态铁金属-典型介质界面能

体系	表面能
Fe/CaO	1700 mJ/m^2
Fe/Al_2O_3	1900 mJ/m^2
Fe/SiO_2	1700 mJ/m^2

表2.3列举了过渡金属液滴-硼化物介质真空或氩气氛围下的浸润角。由表可知，同种金属材料在不同的硼化物中浸润角差异较大。

表2.3　过渡族金属-硼化物固态介质浸润角

硼化物	金属	浸润角		温度（℃）
		真空	氩气	
TiB_2	Fe	62	92	1550
ZrB_2	Fe	72	102	1550
HfB_2	Fe	100	98	1550
VB_2	Fe	17	–	1550
W_2B_5	Fe	0	0	1550
TiB_2	Ni	20	72	1480 ~ 1600
ZrB_2	Ni	65	78	1480 ~ 1600
HfB_2	Ni	99	98	1480 ~ 1600
VB_2	Ni	0	0	1450
W_2B_5	Ni	4	–	1450
TiB_2	Co	20	64	1500 ~ 1600
ZrB_2	Co	63	81	1500 ~ 1600
HfB_2	–	–	–	1500
VB_2	Co	0	0	1500
W_2B_5	Co	19	94	

表2.4和表2.5列举了过渡金属液滴以及IIIb-Vb族元素-碳化物介质真空下的浸润角和黏接功。

表2.4　过渡族金属-碳化物固态介质浸润角及黏接功

碳化物	Mn 1300℃		Fe 1550℃		Co 1500℃		Ni 1450℃		Cu 1130℃	
	q	W_A	q	W_A	q	W_A	q	W_A	q	W_A
TiC	15	3540	125	756	6	3600	25	3240	130	475
ZrC	75	2150	140	417	15	3550	32	3140	140	318
HfC	86	3330	148	1320	40	694	37	3200	140	318
VC									140	318
NbC									135	396
TaC									140	318
Cr_3C_2									95	1240
Mo_2C									40	2390
WC									120	637

表2.5　IIIb-Vb族元素-碳化物固态介质浸润角及黏接功

碳化物	Al 900℃		Ga 800℃		In 250℃		Tl 400℃		Si 1500℃	
	q	W_A	q	W_A	q	W_A	q	W_A	q	W_A
TiC	148	139	147	113	145	700	127	196		
ZrC	150	123	134	134	143	111	128	191		
HfC	148	139	–	–	–	–	–	–		
									32	1590
VC	130	326	120	354	119	280	111	314	32	1660
NbC	136	256	108	790	151	70	121	237	–	–
TaC	145	164	130	253	154	60	138	125		
Cr_3Cr_2	120	457	120	354	143	111	133	156		
Mo_2C	131	314	118	375	150	75	130	175		
WC	135	274	122	333	148	85	135	147		

碳化物	Ge 1000℃		Sn 300℃		Pb 400℃		Sb 700℃		Bi 320℃	
	q	W_A	q	W_A	q	W_A	q	W_A	q	W_A
TiC	133	191	148	84	143	96	145	70	145	70
ZrC	135	176	150	74	147	78	110	260	141	87
VC	121	292	130	197	130	173	118	204	103	303
NbC	148	91	130	197	148	73	111	246	135	545
TaC	128	136	140	129	130	173	119	197	135	115
Cr_3Cr_2	121	295	120	277	124	211	106	278	102	309
Mo_2C	76	745	130	197	141	100	141	86	105	290
WC	63	870	141	123	145	86	98	330	144	75

2.2.3　实验设备要求及条件

基于金属液滴被三维包裹在固体介质中不润湿行为制备球形金属粉末，相对于传统制备方法，具有设备简单、低成本、高效性。通过一般实验设备如管式炉就能够实现热处理参数，如加热温度、保温时间、气氛气压、冷却速度等独立控制。通过快速升温炉，可以实现不同加热曲线实现熔融金属，控制加热时间和冷却速度；另外，在本实验方法由于基于不润湿行为制备球形金属粉末，可以通过原位球化、保温热处理实现球形金属粉末的晶体生长制备，而在气氛炉中甚至可以实现常压下氢气还原氧化物原位制备球形金属粉末。

2.3 基础表征方法

2.3.1 XRD测试

X射线衍射分析是指利用X射线对晶体的结构进行分析，即根据衍射线的位置、强度及数量来鉴定研究物质相组成、晶体结构类型和获取相关参数的方法。作为一种有效、常用的晶体结构检测方法，X射线衍射具有非破坏性、制样简便、信息全面、测量精度高以及数据处理容易等优点，已被广泛地用于晶格的结构特性测试。

粉末样品中，各个晶面的取向是完全随机的，无论入射光来自哪个方向，都能使所有的晶面同时满足Bragg 衍射条件从而产生较强的衍射光，只不过不同晶面产生的衍射最强光的出射角度不同罢了。粉末X 射线衍射法，被广泛用于多晶体的结构分析。根据被测样品的衍射结果，可以分析其相结构；相结构确定后，根据密勒指数就可以计算出相应的晶格常数。

球形金属粉末涉及到球化制备前后的结构对比，需要进行X射线衍射分析。例如：FeSiB球形粉末样品非晶度的测量，主要是通过研究不同冷却方式下合金样品的结晶行为。对于CuZn样品，由于不同气压调节导致不同锌挥发影响，需要对合金结构测量，研究合金晶格常数随成分改变而变化的规律，从而控制锌的挥发量。另外，CuSn合金样品主要是通过氧化物还原制备，这就需要测量氢气还原过程中的物相变化。

2.3.2　扫描电子显微镜

扫描电子显微镜可对金属、陶瓷、矿物、岩石、生物等样品以及各种固体材料进行观察和分析研究。利用扫描电镜配备的X射线能量色散谱仪，简称能谱仪（EDS），可进行微区的常量元素定性和定量分析。能谱分析方法不损坏样品，是微区成分分析的有力工具。实验中主要是通过SEM对合金球形颗粒进行形貌、横截面和颗粒内部元素分布的分析。

2.3.3　振动样品磁强计

振动样品磁强计（VSM）是一种高灵敏度的磁矩测量仪器，VSM能够测量块状、粉末、薄片、单晶和液体等多种形状和形态的材料在不同的环境下多种磁特性。实验中使用的振动样品磁强计系统由美国Lakeshore公司生产，可进行从液氮温区到室温的恒温或变温磁性测量，并且由计算机自动给出数据以及所需的磁性参量。它由水冷电磁铁、程序控制的大功率直流电源、励磁振动器、感应线圈和检测系统组成组成。该系统最大磁场可达10 kOe，如图2.6所示。

书中主要测试了非晶铁硅硼和铁镍合金等铁基合金球形粉末的室温磁磁滞回线。通过对比原材料粉末和球化后粉末的磁性能，研究不同冷却方式对球形粉末结构组织和磁性能的影响。

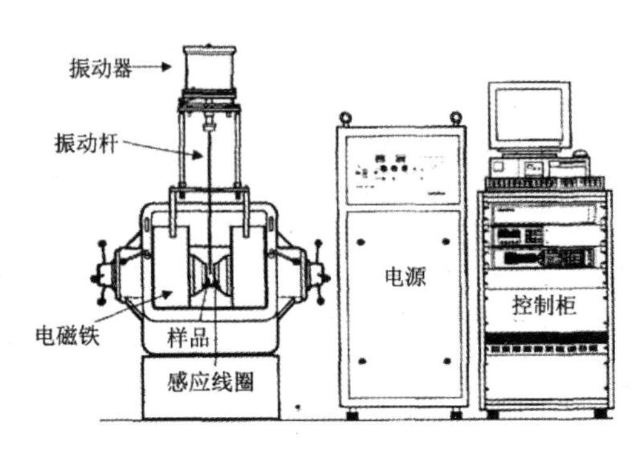

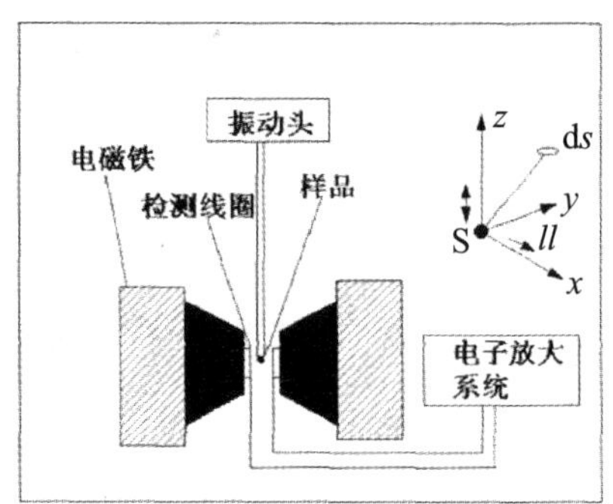

图2.6　VSM原理示意图

2.3.4　金相显微镜

金相显微镜属于光学显微镜，主要是对材料的显微组织和断面组织等进行分析研究。为了观察球形颗粒横截面的组织情况，一般而言需要实验前制备好便于观察的样品，这就需要对粉末样品进行镶嵌和抛光。

镶嵌的主要步骤如下：（1）首先打开电源，让设备升温。需要检查上、下模块的边沿是否清洁，有无电木粉的粘黏，并及时清理。（2）等温度上升到设定温度就可以开始操作了，一般温度在140 ℃。调整手轮，使下模块与下平台平行，把试样观察面放在下模块中心处，逆时针转动手轮10～12圈，使下模块及样品下沉。（3）加入电木粉填料，然后把上模块压在填料上，再次逆时针转动手轮使上模块表面下沉至与平台对齐。（4）合上盖板，顺时针快速拧上八角旋钮，然后顺时针转动手轮，压力灯亮，此时再多加一圈即可。（5）在正常设定的温度和压力下，保温3 min。（6）最后取样，逆时针转动手轮，压力指示灯灭，打开八角旋钮，再次顺时针转动手轮把上模顶出，取出样品。（7）清理样品工作台。

抛光腐蚀溶液的配置：称取浓度为1.38 mol/L 硝酸溶液6 ml与100 ml乙醇混合配置成腐蚀溶液。

另外，制备的CuZn合金球形粉末由于不同成分合金的色泽发生较为明显的变化，通过光学显微镜可以较为直观地进行观察。

参考文献

[1] K. Thürmer，E. Williams，J. Reutt-Robey. Dewetting dynamics of ultrathin silver films on Si（111）[J]. Physical Review B，2003，68：155423.

[2] M. Pech-Canul，R. Katz，M. Makhlouf，et al. The role of silicon in wetting and pressureless infiltration of SiCp preforms by aluminum alloys[J]. Journal of materials science，2000，35：2167-2173.

[3] P. Wynblatt.The effects of interfacial segregation on wetting in solid metal-on-metal and metal-on-ceramic systems[J]. Acta materialia，2000，48：4439-4447.

[4] L. Kondic，J.A. Diez，P.D. Rack，et al.Nanoparticle assembly via the dewetting of patterned thin metal lines: Understanding the instability mechanisms[J]. Physical Review E，2009，79：026302.

[5] A. Habenicht，M. Olapinski，F. Burmeister，et al.Jumping nanodroplets[J]. Science，2005，309：2043-2045.

[6] J. Trice，D. Thomas，C. Favazza，et al. Pulsed-laser-induced dewetting in nanoscopic metal films: theory and experiments[J]. Physical Review B，2007，75：235439.

[7] J.T. McKeown，Y. Wu，J.D. Fowlkes，et al. Simultaneous In-Situ Synthesis and Characterization of Co@ Cu Core-Shell Nanoparticle Arrays[J]. Advanced Materials，2015，27：1060-1065.

第3章　铜基合金球形粉末的制备及其界面不润湿效应

3.1　引　言

铜合金多用于导电导热材料，广泛用于制造汽车、家电、建筑材料等各种粉末冶金零件[1-3]。如：如多层陶瓷电容器的终端、现代建筑和结构中使用含有铜合金粉的黏接剂、汽车用铜合金粉油漆等。另外，由铜合金粉末基体制备的复合材料同时兼顾铜合金的导热快、导电性好以及增强体的高强度和润滑性能，越来越受关注[4]。例如铜合金粉和石墨经高温高压制成的材料，具有很好的导电性和强度且有石墨的润滑作用，被用作电机和城市轨道交通及电碳类电刷、触头等[5]。铜合金粉和高纯石墨制成的金刚石则有超高的硬度而被制造各种刀具如特种锯片、钻头、铣刀工具等。铜合金粉根据制取方法可分为电解铜预烧铜合金粉、雾化铜合金粉和氧化还原铜合金粉[6-9]。电解铜预烧铜合金粉为树枝状，雾化铜粉为球状或类球状，氧化还原铜合金粉为多孔海绵状。铜合金粉末种类较为丰富，有黄铜、青铜、白铜以及复杂铜合金。

其中，黄铜合金粉因其多种多样绚丽的颜色，广泛应用于表面装潢修饰、印刷等行业[10]，表3.1分别为中国和美国特殊黄铜的牌号和成分。铜合金因成分不同，表面可呈现赤红、金黄、黄、白，甚至紫色色泽。随着锌含量的不同，铜金粉呈现出多种不同的色相，含锌量低于10%产生淡金效果，称为红金（pale），10%～25%产生淡金效果，称为青红金（rich pale），25%～30%产生富金效果，称为青金（rich gold）。锌的含量超过 30%以后，铜锌二元合金中出现 δ 相，合金延展性下降，一般很少在颜料领域使用。不规则黄铜合金粉的研究和制造较为成熟[11, 12]，主要用于制造柔性印刷品颜料（高级画报、高档包装、香烟外壳、证券印刷），金属过滤器，多孔元件，导管，自润滑轴承轴瓦，汽车船舶耐腐蚀零件以及摩擦材料[13]。高质量高品相的球形黄铜合金粉末的制备方法鲜有报道，一方面，大规模黄铜合金球形粉末制备较为困难，传统黄铜合金球形粉末主要采用雾化方法制备，然而，黄铜合金由于铜和锌的熔点相差太大[14]，以及锌的饱和蒸汽压较高，在熔炼和雾化时，锌极易挥发，因此采用气雾化及水雾化工艺难以制备球形的黄铜合金粉，制备的颗粒也多为不规则或类球形，成分偏析严重。另一方面，传统雾化法制造的黄铜合金粉末流动性差、松装密度低，颗粒尺寸分布不均，很大程度上制约了黄铜合金粉末在金属3D 打印、印刷涂层装饰、喷（钎）焊金属粉末、粉末冶金等领域的应用。

因此，本章基于液-固界面去润湿效应，针对含有活泼元素的合金我们设计了“石墨海”固态溶剂路线。该实验方法简单，可简便地实现气压的调节，无需复杂的仪器设备。本章研究了Cu基合金在石墨表面的去润湿行为，原材料合金颗粒被超细石墨粉三维包裹，在不改变合金球形度和粉末颗粒尺寸分布的情况下实现锌含量的调节。

表3.1 中国和美国代表性黄铜的成分

类别	合金名称	牌号	国内代表性黄铜合金的成分/wt.%	杂质
黄铜	65黄铜	H65	Cu63.5～65，Zn余量	0.3
	铅黄铜	HPb63-3	Cu60～63，Pb2.4～3，Zn余量	0.75

续表

类别	合金名称	牌号	国内代表性黄铜合金的成分/wt.%	杂质
黄铜	锡黄铜	HSn70-1	Cu69～71，Sn0.8～1.3，As0.02～0.06，Zn余量	0.3
	铝黄铜	HAl77-2	Cu76～79，Al1.8～2.5，Zn余量	-
	锰黄铜	HMn58-2	Cu57～60，Mn1.0～2.0，Zn余量	1.2
	硅黄铜	HSi80-3	Cu79～81，Si2.5～4.0，Zn余量	0.15
	首饰铜	C21	Cu94～96，Pb0.05，Zn余量	-
	90%铜	C22	Cu89～91，Pb0.05，Zn余量	-
	黄色黄铜	C27	Cu63～68，Pb0.15，Zn余量	-
	四六黄铜	C28	Cu59～63，Pb0.3，Zn余量	-
	切削黄铜	C37	Cu59～62，Pb0.9～1.4，Zn余量	-
	建筑黄铜 锡黄铜 海军黄铜	C385 C419 C443	Cu55～60，Pb2～3，Zn余量 Cu90.5，Sn5.15，Zn4.35 Cu70～73，Sn0.9～1.25，As0.1，Zn余量	- - -

3.2　实验部分

3.2.1　实验原材料

采用商用雾化法制备Cu-Zn 粉末作为原料，由于制备工艺的限制，由图3.1可见，雾化法制备的不同锌含量的黄铜合金粉末多为无规则粉末。原材料合金粉末Cu-20wt.%Zn、Cu-38wt.%Zn 和Cu-50wt.%Zn 分别记为Cu-38Zn、Cu-20Zn、Cu-50Zn。

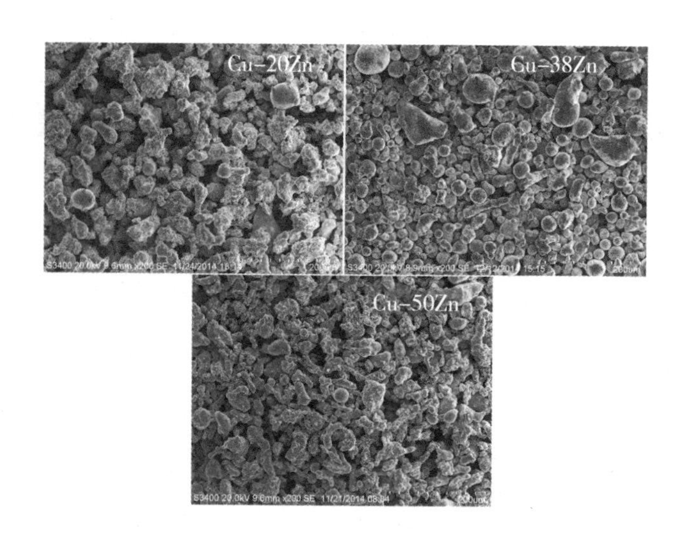

图3.1 Cu-20wt.%Zn、Cu-38wt.%Zn 和Cu-50wt.%Zn原材料粉末的SEM图

具体实验步骤：分别选用两种比例的雾化Cu-Zn合金粉末，Cu-38wt.%Zn（Cu-38Zn）和Cu-50wt.%Zn（Cu-50Zn）作为原材料，前一种比例为α-CuZn结构，后一种比例为β-CuZn合金，锌含量较高。实验过程中，首先，称取一定量的CuZn合金粉末，按质量比1:1与鳞片状石墨粉均匀混合，装入坩埚中，置于快速升温炉中，抽真空通入一定气压的氩气，并将炉温升到预定温度。快速升温炉腔体，包含加热区和冷却区，先将样品置于冷却区，快速地将样品推入到加热区保温5 min，然后，拉出至冷却区。依据实验设计条件，通过调节氩气压力，研究Cu-Zn合金球形粉末的成分、相貌、结构与气压的变化规律。

3.2.2 铜锌合金在石墨介质中去润湿

平衡相图中，纯铜熔点附近溶有大约0.04%的可溶性碳（图3.2），但是液体锌金属不溶碳。因此，石墨和铜（锌）之间的扩散是困难的，而且没有碳化反应物出现，属于非反应体系。

液态Cu金属熔点1423 K附近的表面能[15]约为1400 mJ/m^2，固体石墨的表面能[16, 17]约为54~150 mJ/m^2。在非反应体系中，具有大表面能的液体接触具有相对小表面能的固体时，通常会表现出去润湿（de-wetting）行为，座滴法[18]测定液态铜在石墨基板上的平衡接触角约为140°。

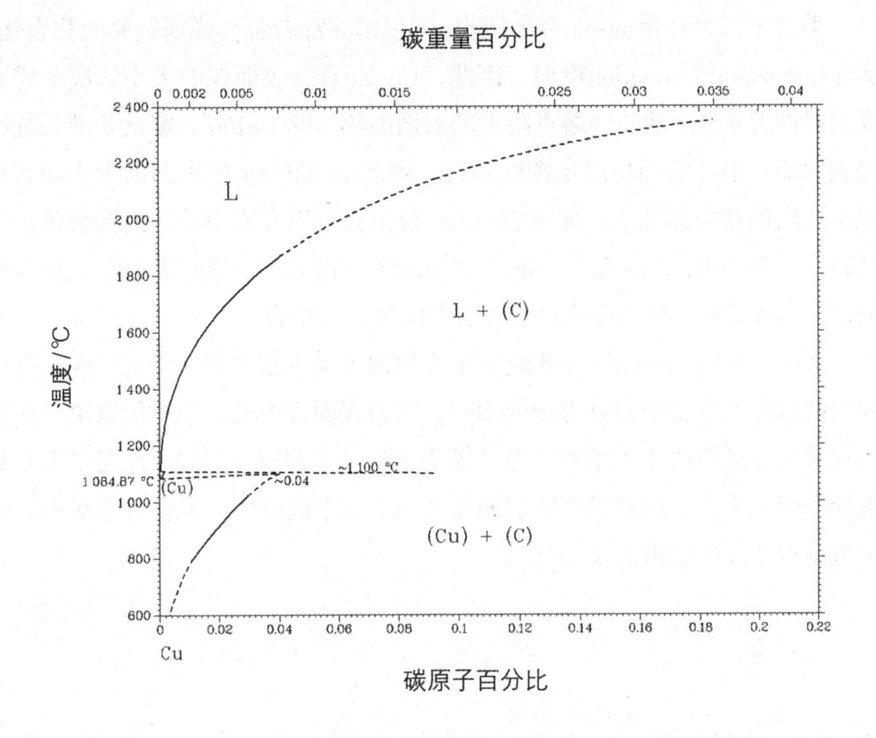

图3.2　Cu–C合金相图

固、液、气三相界面的润湿行为完全由Young方程[19]描述：

$$\cos\theta_0 = \frac{\gamma_{sv} - \gamma_{sl}}{\gamma_{lv}} \tag{3-1}$$

式中，θ_0为接触角，γ_{lv}、γ_{sv}和γ_{sl}分别为气/液、气/固、固/液界面的界面张力。

从上式可知，接触角的大小由三相界面的表面能描述，只要知道各界面的表面张力大小，原则上就可计算出接触角的大小。

实验上测定液态金属表面张力的方法较为成熟，实验数据越来越趋近准确。然而，对于二元合金或多组分合金而言，表面能实验数据较少，这主要归咎于多元合金复杂的热力学性质。特别是一些含有活泼性元素的合金，液态合金的表面能甚至无法测定。目前，关于二元合金和多元合金的表面能研究还只是集中在理论研究上。

类似于二元合金Ag-Sn合金结构，固态Cu-Zn合金形成弱金属间化合物，属于Compound Formation模型。因此，Cu-Zn合金表面能的大小取决于锌浓度呈线性关系[20]。液态锌熔点附近的表面能约为780 mJ/m^2，略低于液态纯铜的表面能。由此我们可以定性的知道，液态Cu-Zn合金的表面能大小随着锌原子浓度的增加而减小，而液态Cu-Zn合金在石墨介质中的平衡接触角也将会减小。然而液态Cu-Zn合金的表面能的大小仍大于石墨的表面能，这表明液态Cu-Zn二元合金在石墨固体溶剂中球化是可能的。

此外，尽管Cu-Zn合金液滴由于去润湿效应形成球体，但是Cu-Zn合金液滴的球形度也会受到重力场的影响，因为表面张力的大小不仅取决于液滴的尺寸大小还取决于毛细管常数（液态金属密度/表面张力）。在无重力和其他场的影响下，液滴自然由于表面张力的作用形成球体。但在重力场中，合金液滴将会发生变形而成椭球状。

3.3 低锌含量合金球形粉末

3.3.1 气压调节对低锌含量的铜锌合金颗粒形貌的影响

图3.3是Cu-Zn合金原材料和不同气体压力下1273 K热处理合金粉末的SEM。由图可见，经过试验热处理后的合金球形颗粒表面十分光洁。而且，不同气压下制备的球形合金粉末均具有较好的球形度、形貌变化不大。从以

上结果，证实合金液滴在石墨片表面不润湿。我们知道，锌原子非常活跃，在1178 K温度时的饱和蒸汽压高达0.101 MPa（正常大气压）[21]。通常情况下，在低于0.04 MPa的负压下，锌元素将快速挥发，并由此进一步影响合金液滴表面非平衡性。然而，在我们的实验方法中，Cu-Zn原材料粉末分散在具有低润湿性的石墨粉中，界面去润湿效应将使合金液滴在冷却的过程中由于表面张力的作用形成完美的球体。此外，高倍扫描电镜图表明在较低的气压条件下，由于锌的快速蒸发，石墨片的印记留在金属颗粒表面。

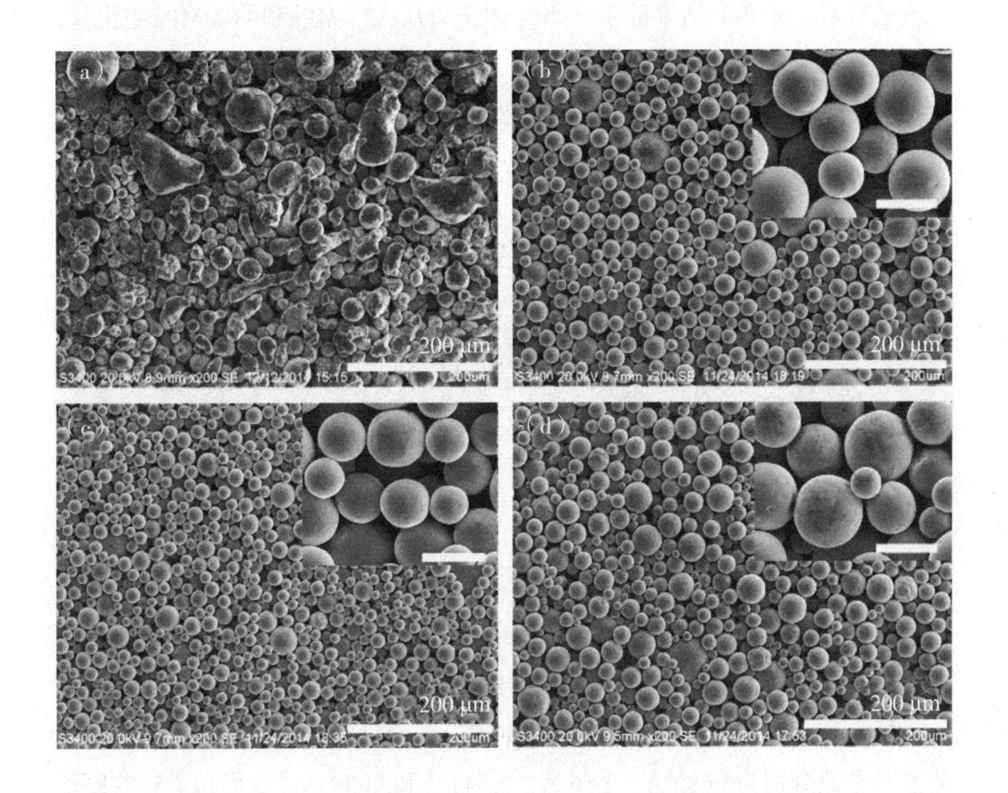

图3.3　原材料Cu-38Zn合金粉末和不同气压下制备的粉末样品SEM

（a）Cu-38Zn雾化粉末，（b）1273 K，0.22 MPa，

（c）1273 K，0.10 MPa，（d）1273 K，0.04 MPa，插图标尺μm

3.3.2 气压调节对低锌含量的铜锌合金结构的影响

表3.2是CuZn合金原材料和球形粉末的成分分析，我们看到，原材料Cu-38Zn的氧含量约占4.73 wt.%。然而，通过我们的方法制备的球形Cu-Zn合金粉末不含氧，这可能是由于石墨粉在高温下具有还原性的原因。此外，Cu-Zn合金液滴与石墨之间的低扩散性决定了合金球形金属粉末表面没有碳元素的存在。EDS的结果证实：当气体压力从0.22 MPa到0.04 MPa变化时，锌浓度从20.18wt.%下降到12.08 wt.%。锌元素的损失除了蒸发一部分外，还包括氧化还原过程中挥发的气态锌。然而，从铜锌比与压力的变化关系可以看到，气体压力越大，锌的损失越小。

表3.2 原材料Cu-38Zn和球化粉末的EDS成分

元素	原材料（wt.%）	P=0.22 MPa T=1273 K	P=0.10 MPa T=1273 K	P=0.04 MPa T=1273 K
O	4.73	–	–	–
Cu	57.89	79.82	84.49	87.92
Zn	37.38	20.18	15.51	12.08

图3.4是合金球形粉末的XRD。随着气体压力从0.22 MPa、0.10 MPa减小到0.04 MPa，XRD衍射峰的位置逐渐向高衍射角度移动。而且对应于0.22 MPa，0.10 MPa和0.04 MPa的气体压力，原材料和制备的球形合金粉末的晶格参数分别为3.685 Å，3.66 Å，3.641 Å和3.639 Å。我们知道锌的原子半径要比铜的原子半径大，高含量的锌将会导致α-CuZn相的晶格畸变。这一结果表明，较高的气体压力降低锌的挥发，这和EDS的分析是一致。

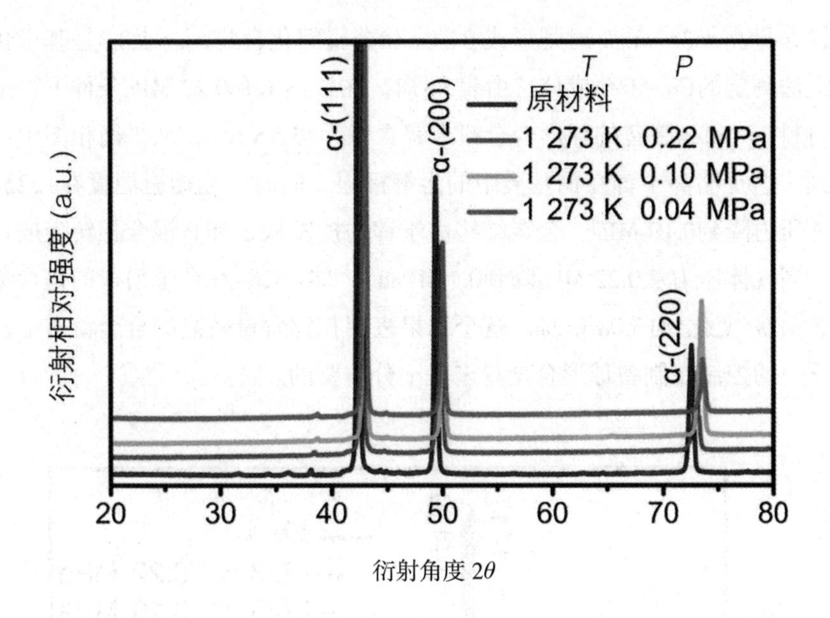

图3.4　通过Cu-38Zn雾化粉末在不同气压下制备的球形粉末样品的XRD

3.4　高锌含量的铜锌合金球形粉末

3.4.1　气压调节对高锌含量的铜锌合金结构的影响

图3.5是锌含量较高球形合金粉末的XRD。根据平衡相图，球形合金粉末在1223 K和0.22 MPa气压条件的相结构包含α和β相。在平衡相图中，α相是一个面心立方（fcc）结构，β-CuZn相是一个金属间化合物相，对应体心立方（bcc）结构。锌含量低于35 wt.% 时Cu-Zn合金是单一的α相结构[14]。

当锌含量高于35 wt.% 时则形成β-CuZn金属间化合物[22]。表3.3是基于化学滴定法测定的Cu-50Zn成分。由表3.3知，在1223 K和0.22 MPa条件下，采用原材料Cu-50Zn制备的球形合金粉末锌含量为43.5 wt.%，从平衡相图中可以看到，这是略高于锌在铜基质中的溶解极限。同时，当熔融温度在1223 K，气体压力降到0.10 MPa，合金结构由于锌的挥发从α和β混合相转变成α单相。当气体压力从0.22 MPa降到0.1 MPa时，球形Cu-Zn合金粉末的锌含量从43.5 wt.% 变化到13.08 wt.%。这个结果表明在锌含量较高的合金粉末中，气体压力的控制在制备球形合金粉末是十分重要的。

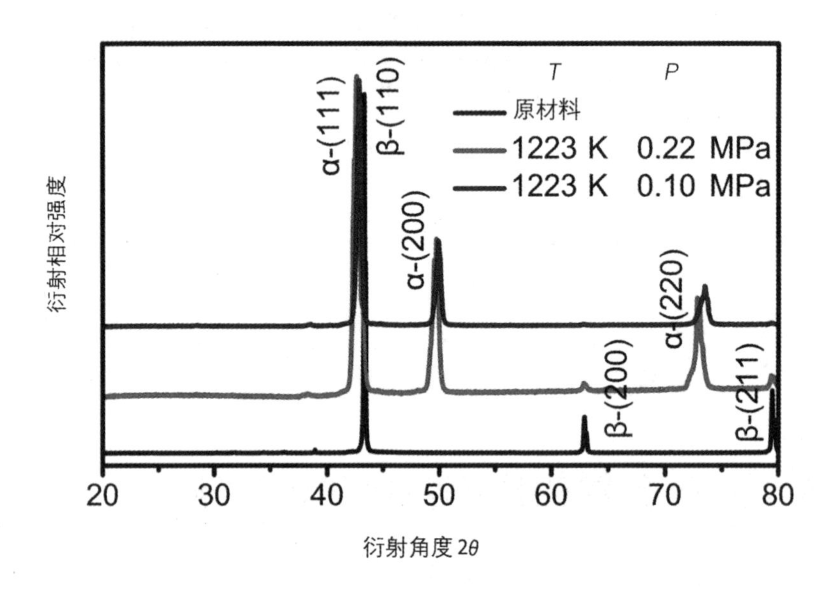

图3.5　通过Cu-50Zn雾化粉末在不同气压下制备的球形粉末样品的XRD

3.4.2　气压调节对高锌含量的铜锌合金颗粒形貌的影响

基于扩展的巴特勒方程可知，随着锌溶解度的增加，铜合金的表面能将会有所降低。图3.6是 Cu-Zn合金球形粉末的SEM图像。结果显示，尽管较高的锌含量降低了合金液滴的表面张力，但是所有制备的合金粉末显示出较高的球形度。球形颗粒的横截面显示金属颗粒完全致密，没有残余孔隙。正如前面所讨论，通过固-液界面的实验方法制备的Cu-Zn合金球形粉末形貌，并不随着锌原子浓度的变化发生较大的改变。然而通过雾化法制备的商业Cu-Zn合金粉末［图3.3（a）和图3.6（a）］却显示球形度随着锌原子的浓度增大变的较差，甚至很难形成球形。早期的报告显示，通过燃烧合成技术也只有部分Cu-Zn合金颗粒形成球形，而且这只是在合适锌含量的条件下才能制备出球形粉末[23]。此外，通过固-液界面制备的球形合金粉末，即使在重力场作用下球形轮廓依然没有发生较为明显的扭曲［如图3.6（b）所示］。原因主要是金属液滴具有较低的毛细管常数和较小的尺寸[24]，因而液态金属颗粒在表面张力的作用下，更倾向形成完美的球体。

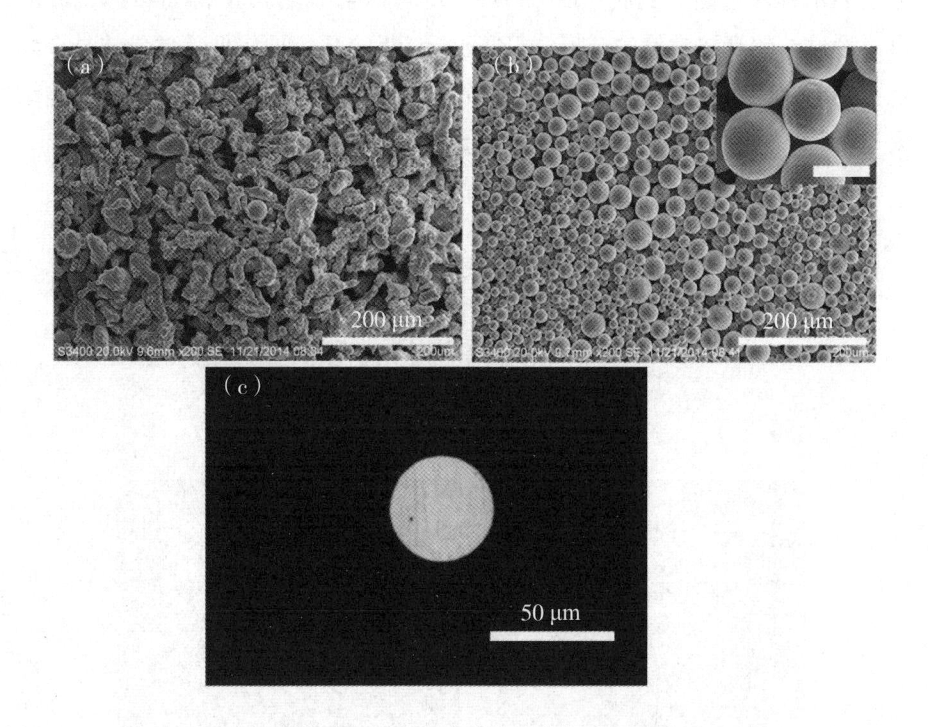

图3.6　通过Cu-50Zn雾化粉末在0.22 MPa气压下制备的球形粉末样品的SEM和横截面金相图，插图标尺 20 μm

表3.3 原材料Cu-50Zn和球化粉末的EDS成分

元素	原材料（wt.%）	P=0.22 MPa，T=1223 K	P=0.10 MPa，T=1223 K
Cu	51.34	56.5	86.92
Zn	48.66	43.5	13.08

3.5 不同锌挥发量的铜锌合金球形粉末的颜色

图3.7是制备的球形合金粉末光学照片。图中上图是从1号到3号样品，分别表示锌含量由高到底：Cu-50wt.%Zn、Cu-38wt.%Zn 和Cu-20wt.%Zn。可以看见，较高锌含量的球形Cu-Zn合金接近金色，而较低锌含量的合金颜色更接近纯铜的颜色。下图是放大的光学照片，分别显示1号和3号样品，结果显示制备的Cu-Zn合金颗粒表面十分光洁，球形度较高。

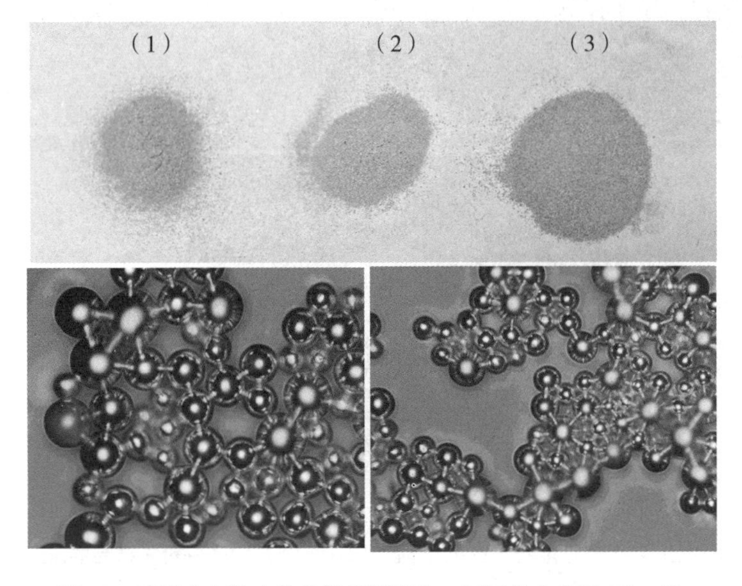

图3.7 球形合金粉末的色泽光学照片，下图放大倍数 50×10

铜锌合金有比较强的金属活性，直接暴露在空气中很容易发生氧化反应，使金属表面的颜色黯淡，失去金属光泽[25]。铜金粉颜料的情况比较复杂，根据使用条件，或出现脱锌现象或出现合金整体被溶解的情况。因此，在实验过程经常会观察到由于长时间的放置，制备的Cu-Zn合金粉末变成绿色。

3.6　小　结

为了实现实验条件的多样化调节，本章研究了含有活泼元素的Cu-Zn合金在不同气压下合金元素的挥发和球化规律。首次制备了高质量的球形Cu-Zn合金粉末。Zn元素非常活跃，在熔点1178 K附近饱和蒸汽压高达0.101 MPa（正常大气压）。通常负压情况下，锌元素将快速挥发，导致合金表面能的快速变化，并由此进一步影响合金液滴表面平衡性，致使传统工艺无法实现高质量的CuZn合金球形粉末的制备。在我们设计的“石墨海”固态溶剂路线中，原材料合金颗粒被超细石墨粉三维包裹，结合Cu基合金在石墨表面的去润湿行为，可简便地实现气压的调节，从而在不改变合金球形度和粉末颗粒尺寸分布的情况下实现锌含量的调节。

实验结果表明：Cu-38Zn合金作为原材料制备的球形合金粉末，气压越高，锌的挥发越少，而且不影响合金粉末的球形度。甚至在负压0.04 MPa的条件下，依然能制备完美的球形Cu-Zn合金粉末。此外，采用高锌含量的Cu-50Zn合金作为原材料，尽管较高锌含量将会降低合金液滴的表面能，但是0.22 MPa气压下制备的Cu-Zn合金粉末具有完美的球形度和光洁的表面，证实液态金属/非金属粉末（即液/固界面）界面方法的可控性和稳定性。此项工作克服了传统工艺无法制备高质量Cu-Zn合金球形粉末的困难。

参考文献

[1] M.Y. Murashkin，I. Sabirov，X. Sauvage，et al.Nanostructured Al and Cu alloys with superior strength and electrical conductivity[J].Journal of Materials Science，2016，51：33–49.

[2] 李刚.粉末冶金原位合成Al–Cu合金的组织与性能研究[D].成都：西南交通大学，2012.

[3] 戴赫，汪礼敏，杨志威，等.新型铁铜合金粉体材料及性能研究[J]. 金刚石与磨料磨具工程，2013，33（4）：28–34.

[4] 董瑞峰. 铜合金/石墨复合材料的研究[D].天津：天津大学，2012.

[5] 王新平.空间滑动电接触材料的性能及其寿命增长研究[D].长沙：中南大学，2013.

[6] 李辉，汪礼敏，万新梁，等.扩散处理制备CuSn10部分合金化粉末的研究[J].粉末冶金工业，2003（6）：13–17.

[7] 陈胜利.工业粗硫酸铜制备电积铜粉及新型缓蚀剂应用研究[D].长沙：中南大学，2011.

[8] 蒋昱东.高能球磨制备铜金粉及其表面改性工艺的研究[D].昆明：昆明理工大学，2012.

[9] 张会杰. W–30Cu合金的水热合成法制备及致密化工艺研究[D].洛阳：河南科技大学，2015.

[10] B. Müller. Interaction of resins and metal pigments in water–borne printing inks[J]. Pigment & resin technology，2001，30: 203–209.

[11] 冯拉俊，刘毅辉.热喷涂球磨法制备超细铜锌粉[J].材料科学与工程学报，2004，22：527–530.

[12] 左可胜，席生岐，周敬恩.温度对 Cu–Zn 二元系粉末机械合金化的影响[J].西安交通大学学报，2007，41：91–95.

[13] 朱丽霞.水性铜金粉的表面改性与缓蚀性研究[D].西安：西安理工大学，2006.

[14] M. Kowalski, P.J. Spencer.Thermodynamic reevaluation of the Cu–Zn system[J].Journal of phase equilibria, 1993, 14: 432–438.

[15] B.J. Keene.Review of data for the surface tension of pure metals[J]. International Materials Reviews, 1993, 38: 157–192.

[16] S. WangY. Zhang, N. Abidi, L. Cabrales.Wettability and surface free energy of graphene films[J].Langmuir : the ACS journal of surfaces and colloids, 2009, 25: 11078–11081.

[17] P. Baumli, G. Kaptay. Wettability of carbon surfaces by pure molten alkali chlorides and their penetration into a porous graphite substrate[J].Mater. Sci. Eng. A, 2008, 495: 192–196.

[18] D.A. Mortimer, M. Nicholas. The wetting of carbon by copper and copper alloys[J].Journal of Materials Science, 1970, 5: 149–155.

[19] T. Young.An essay on the cohesion of fluids[J].Philosophical Transactions of the Royal Society of London, 1805, 95: 65–87.

[20] I. Egry, E. Ricci, R. Novakovic, et al.Surface tension of liquid metals and alloys–recent developments[J].Advances in colloid and interface science, 2010, 159: 198–212.

[21] O. Kubaschewski, C. Alcock.Metallurgical Thermochemistry, Pergamon press[M].Oxford, 1979, 358.

[22] H. Hong, Q. Wang, C. Dong, et al.Understanding the Cu–Zn brass alloys using a short–range–order cluster model: significance of specific compositions of industrial alloys[J].Scientific reports, 2014, 4: 7065.

[23] T.H. Lee, H.H. Nersisyan, H.–G. Jeong, et al.Chemical and morphological characterization of spherical Cu/Zn alloy microparticles produced by combustion synthesis[J].Journal of Materials Research, 2012, 27: 2601–2608.

[24] J. Lee, A. Kiyose, S. Nakatsuka, et al.Improvements in surface tension measurements of liquid metals having low capillary constants by the constrained drop method[J].ISIJ international, 2004, 44: 1793–1799.

[25] B. Müller.Zinc pigments and waterborne paint resins[J].Pigment & resin technology, 2001, 30: 357–362.

第4章　基于不润湿效应原位还原法制备铜基合金球形粉末

4.1　引　言

氢气还原氧化物制备超细金属或合金粉末，是一种较为传统的工业生产方法[1-4]。H_2在高温下具有很强的还原能力，而且生成的水蒸气会随气流排出，不会引入杂质，是较为洁净制备高纯度合金的途径[5]。根据金属氧化物氢气还原机制，金属氧化物粉末的还原过程受粉末颗粒粒径、还原温度、气体分压等因素影响，获取相关的动力学参数对其过程控制相当重要[6, 7]。早期，大量的工作研究了用氢气还原混合氧化物如WO_3–CuO、Fe_2O_3–Co_3O_4和CuO–SnO_2等制备合金[8-12]。

Cu–Sn合金俗称青铜合金，具有高强度、高热导率、耐磨耐腐蚀和抗菌性能[13, 14]。球形青铜合金粉末因具备高球形度、光滑的颗粒表面以及优良焊接性，主要用于制造喷（钎）焊材料[15, 16]、金属过滤器、多孔元件、高速电气化轨道接触材料[17]、耐磨材料[18]、自润滑轴承[19, 20]，广泛应用于航空发动机、电子电力、表面修饰、交通、机械工程、国防军工等行业[21]。随着粉末冶金工业技术的发展，青铜合金粉末的质量要求越来越高，一方面，青铜系粉末冶金材料和表面喷涂、润滑材料，要求青铜合金粉末的球形度高、粒径分布均一、表面光洁、流动性好；另一方面，根据服役条件及应用领域需要，如海水环境下的船舶部件，蒸汽涡轮用轴承等，要求增强材料的耐磨抗腐蚀性，提高强度和硬度[22]，青铜合金中往往需添加多元强化元素，如Al、Zn、Ni、Mn、Co、Fe、Cr 等。目前，工业制备Cu-Sn合金粉末的方法主要有：电解铜和锡粉的预扩散合金、机械化学过程合金化、还原复合金属氧化物合金化法以及块材雾化制粉。制备球形金属或合金粉末的方法只有雾化法，然而采用雾化法，不同元素固溶、偏析等性质不同以及多元强化合金力学性能差异，制造出的球形合金粉末易收缩破缺、颗粒较大、粒径分布不均，多为类球形甚至不规则。虽然雾化法是制造球形合金粉末较为成熟的工业技术，但是通过绿色环保（包括水或气体节约），低能和高效的方法，制备出良好的球形形貌和窄尺寸分布的合金粉末仍然十分困难。

粉末冶金技术中，球形或近球形超细颗粒粉末因其具有更高配位数和松装密度，有利于致密化烧结。复合金属氧化物还原制备的合金粉末较细，满足要求，而且在制备硬质合金方面具有独特的优势[23]。尽管复合金属氧化物直接还原制备金属或合金是较为成熟的工业制备技术，但是在面对如何控制还原过程，抑制颗粒团聚，避免液相烧结行为等方面上仍然面临诸多困难，而且无法制备金属或合金球形粉末。

本章采用机械球磨金属氧化物粉末，结合氢还原氧化铜和氧化锡的混合物制备窄粒度分布的微米或纳米铜锡合金。

4.2　实验部分

4.2.1　实验原材料与过程

氧化铜纯度为99.99%，粉末颗粒平均尺寸约为10 μm，氧化锡纯度为99.95%，粉末颗粒尺寸约为1 μm。制备单一金属球形粉末，分别将氧化物与石墨均匀混合，而采用复合氧化物制备合金球形粉末则采用玛瑙罐机械球磨均匀混合的两种预称量好的氧化物，混合氧化物与玛瑙求导的质量比为1∶10，球磨时间为1 h，具体球化的实验过程见第2章实验部分，图4.1为实验流程图。

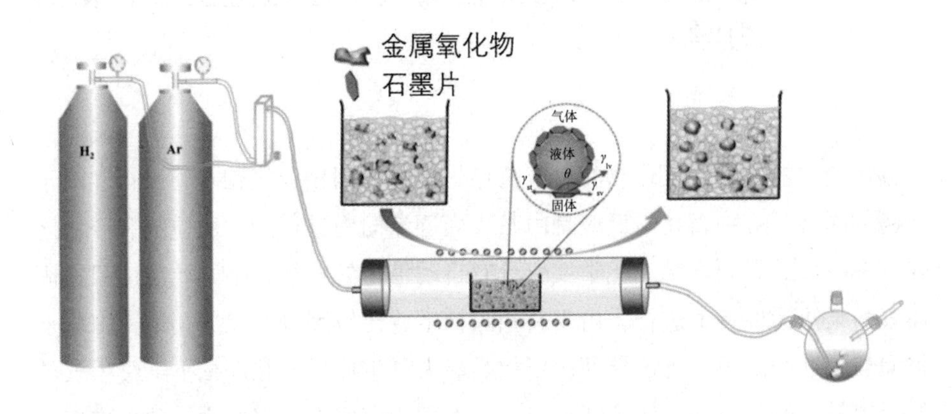

图4.1　氢气还原混合金属氧化物结合原位界面去润湿效应制备合金球形粉末流程图

球形Sn粉末的制备：首先，将氧化锡超细粉末与石墨粉按质量比1∶1均匀混合。然后，将准备好的混合均匀粉末装入柱形坩埚中。为了研究氧化物还原制备金属球形粉末过程，外部压力以及氧化物的混合情况对熔融球化制备的球形粉末球形度的影响，混合粉装入柱形坩埚，采用沿着柱形坩埚的高度方向用力压实，使氧化锡和石墨的混合物保持压缩状态，从还原开始一直到熔融处理结束。最后，将坩埚推入快速升温炉中，抽真空使真空度达10^{-3} Pa，再通入氢气加热到873 K还原1 h结束，随炉温自然冷却。作为对比试验，重复上面的实验步骤，只是将混合均匀的氧化锡和石墨粉末以蓬松的状态装入到柱形坩埚，其他实验条件不变。

球形合金粉末的制备过程：按需要制备的合金质量比称量氧化铜和氧化锡，采用机械球磨均匀混合，然后将混合氧化物与石墨粉质量比1∶1再次均匀混合置于氧化铝方舟中，最后，在管式炉中按5%氢气和95%氩气通入混合气，热处理还原球化。热处理升温阶段采用阶段升温。首先，制备的样品分为三个升温阶段，所有样品前两个阶段都是：升温到473 K保温1 h，然后，升温到873 K保温2 h，最后，制备不同的Cu-Sn合金球形粉末，球化温度分别选择升温973 K，1073 K，1173 K，1273 K和1323 K。

4.2.2 氧化铜和氧化锡在氢气中还原直接合金化热力学

冶金中氢气还原氧化物的反应特点是反应在固相与气相之间进行。对于致密的固态反应物，化学反应是由其表面逐渐向内进行的，反应物和产物之间存在明显的界面。结晶化学反应具有自动催化的特征：最开始反应只在固体表面某些活性点上进行，由于新相晶核生成比较困难，反应初期速率增加很缓慢，这一阶段称为诱导期；新相晶核大量生成后，在晶核上继续生长就变得容易，而且由于晶体不断长大，表面积相应增大。这些都导致反应速率随着时间而加速，这一阶段称为加速期；反应后期，相界面合拢，进一步的反应导致反应面积缩小，反应速率逐渐变慢。这一阶段称为减速期。总的反应速率取决于最慢的环节，这一环节称为限制性环节，或称为控制步骤。在冶金反应过程中，控制气-固相反应的步骤，如界面化学反应步骤、扩散步骤或两者联合控制是制备高活性催化剂材料最为有效的方法，其中的机理由于还原过程通常在分子或原子水平还不是很清楚。一般而言，在我们的实验中氢气还原氧化铜制备铜金属，反应式如下：

$$CuO(s) + H_2 = Cu(s) + H_2O \quad (4\text{-}1)$$

实际反应中由于氧空位的出现，诱导低一级氧化物歧化反应，详细反应过程如下过程[24]：

$$CuO \rightarrow Cu_3O_4 \rightarrow Cu_2O \rightarrow Cu \quad (4\text{-}2)$$

对于氢气还原氧化锡制备金属锡的反应，由于金属锡的熔点较低约505 K，实际充分还原温度约在873 K。因此反应生成的锡金属为液态，反应如下[25]：

$$SnO_2(s) + 2H_2 = Sn(l) + 2H_2O \quad (4\text{-}3)$$

表4.1为氢气还原氧化锡发生反应的自由能变化，在873 K反应前后自由能的变化为负也即反应更容易进行。

表4.1　氢气还原氧化锡自由能变化和系数

温度（K）	自由能变化（kJ/mol）	系数（K_1）
673	3.83	0.06
773	1.22	0.45
873	−1.28	2.1
973	−3.7	6.79
1073	−6.05	17.03
1173	−8.32	35.46

图4.2显示氢气还原氧化锡过程中反应温度对反应速率的影响。曲线表明，该反应快速还原的过程，随后反应变得缓慢直至反应完成。尽管在873 K反应开始更容易进行，但是需要较长的时间，而在温度1023 K时，只需约10 min几乎100%的二氧化锡还原成金属锡，因此还原过程是十分迅速的。

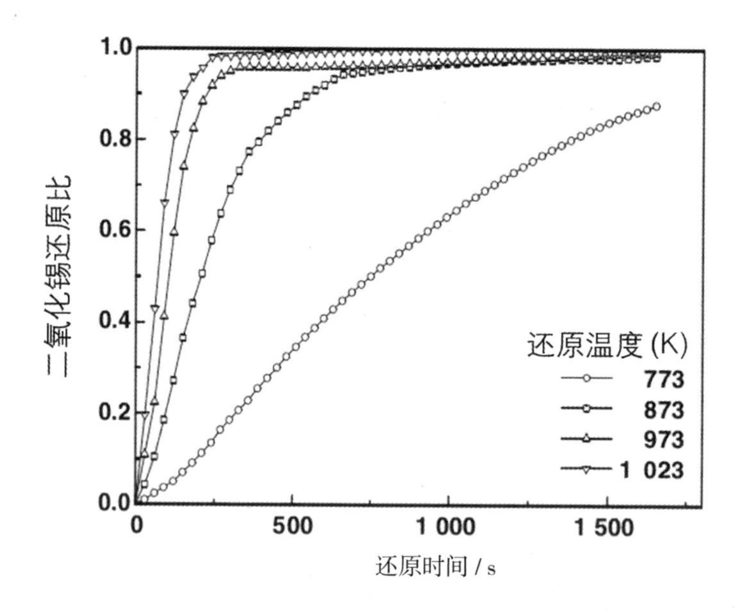

图4.2 氢气还原氧化锡不同温度下的反应速率[25]

复合金属氧化氢气直接还原合金化，反应过程如下：

$$CuO(s)+SnO_2(s)+H_2 \longrightarrow CuSn(s)+H_2O \quad (4-4)$$

以往较多的研究，主要通过唯象学模型把氧化还原过程描述成反应速率取决于初始成核的新阶段的面积或氧化物界面两种因素。最近研究表明氧化物还原机制中的氧空位十分重要。在反应生成初始生成物阶段，空位以及多孔结构快速分离H_2，从而出现“诱导期”的动力学过程和自动催化作用的可能性。因此，无论宏观结构还是微观结构上出现有利于H_2输运过程是对混合金属氧化物充分还原是十分有重要的。然而复合氧化物直接还原制备合金的过程，由于低熔点金属的液相烧结以及固态反应物致密化，导致界面反应难以充分的进行，从而在还原制备的合金颗粒中残留氧化物的杂相，而影响制备合金的纯度和性能。

4.2.3　液态合金在石墨表面的表面张力和原位去润湿行为

关于Cu或Cu-Sn合金在石墨表面的润湿性研究，其实早在研究铜-石墨和铜锡-石墨复合材料时就发现Cu或Cu-Sn合金对石墨的润湿性较差，常常出现黏接脱落而导致复合材料的强度下降和电阻升高[26-28]。我们知道，液态Cu和液态Sn均与石墨不发生反应，甚至溶解碳的能力也不强，属于液-固界面润湿性中的非反应体系。而液态Cu-Sn合金在石墨表面的润湿行为则较多基于实验观察，特别是石墨基底上，采用座滴法测量液态Cu-Sn合金的表面张力。

合金液滴在固态介质表面的润湿或去润湿效应涉及到金属-非金属界面相互作用强度、表面能、混合能、混合熵等复杂因素[29-32]。一般而言，金属液滴与固态石墨的界面接触角高于90°，表示金属液滴在固态石墨表面去润湿。石墨的表面能数量级[33]通常在54～150 mJ/m^2，而液态金属表面能的大小数量级[34]通常在400～1800 mJ/m^2，要比石墨表面能大一个量级。在金属液态与非金属之间不发生反应的系统中，具有较高表面能的合金液滴接触具有较低表面能的固态介质（如石墨、二氧化硅和玻璃）时，为了降低合金液滴和固态介质的系统自由能，金属液滴在将会在表面张力的作用下自发收缩球化。例如，纯铜液滴表面能约1400 mJ/m^{2}在与固态石墨接触的浸润角[29]在1423 K约为140°。而纯锡液滴表面能约550 mJ/m^{2}在与固态石墨接触的浸润角[35]在1273 K约为130°。

液态Cu-Sn合金的表面张力具有正的温度系数，即随着温度的升高表面张力在增大。基于液态二元合金表面张力Butler方程，与石墨基底接触过程中，液-固界面原子由于范德瓦尔斯力作用，界面原子必然受到额外的相互作用，因此，液态二元合金在石墨基底的表面张力的变化将进一步是平衡态的界面接触角发生变化。

理想Cu-Sn二元合金表面张力的Butler方程是基于假定，液态合金表面Cu的表面张力等于表面Sn的表面张力：

$$\gamma_{\mathrm{Cu}}^{\mathrm{lv}}=\gamma_{\mathrm{Sn}}^{\mathrm{lv}}=\gamma_{\mathrm{CuSn}}^{\mathrm{lv}} \tag{4-5}$$

我们知道液态纯金属的表面张力可表示为：

$$\gamma^{\mathrm{lv}}=\gamma_{i}^{\mathrm{lv}}+\frac{RT}{S_{i}}\ln\frac{X_{i}^{\mathrm{s}}}{X_{i}^{\mathrm{b}}}+\frac{\beta\Delta G_{i}^{\mathrm{s}}-\Delta G_{i}^{\mathrm{b}}}{S_{i}} \tag{4-6}$$

式中，i表示Cu或Sn元素。于是有：

$$\gamma^{\mathrm{lv}}=\gamma_{\mathrm{Sn}}^{\mathrm{lv}}+\frac{RT}{S_{\mathrm{Sn}}}\ln\frac{X_{\mathrm{Sn}}^{\mathrm{lv}}}{X_{\mathrm{Sn}}}+\frac{\beta\Delta G_{\mathrm{Sn}}^{\mathrm{lv}}-\Delta G_{\mathrm{Sn}}}{S_{\mathrm{Sn}}} \tag{4-7}$$

$$\gamma^{\mathrm{lv}}=\gamma_{\mathrm{Cu}}^{\mathrm{lv}}+\frac{RT}{S_{\mathrm{Cu}}}\ln\frac{X_{\mathrm{Cu}}^{\mathrm{lv}}}{X_{\mathrm{Cu}}}+\frac{\beta\Delta G_{\mathrm{Cu}}^{\mathrm{lv}}-\Delta G_{\mathrm{Cu}}}{S_{\mathrm{Cu}}} \tag{4-8}$$

然而液态合金在石墨界面上，类比无接触介质同样假定：液态合金表面Cu原子的表面张力等于表面Sn原子的表面张力：

$$\gamma_{\mathrm{Cu}}^{\mathrm{sl}}=\gamma_{\mathrm{Sn}}^{\mathrm{sl}}=\gamma_{\mathrm{CuSn}}^{\mathrm{sl}} \tag{4-9}$$

于是有：

$$\gamma^{\mathrm{sl}}=\gamma_{\mathrm{Sn}}^{\mathrm{sl}}+\frac{RT}{S_{\mathrm{Sn}}}\ln\frac{X_{\mathrm{Sn}}^{\mathrm{sl}}}{X_{\mathrm{Sn}}}+\frac{\beta\Delta G_{\mathrm{Sn}}^{\mathrm{sl}}-\Delta G_{\mathrm{Sn}}}{S_{\mathrm{Sn}}} \tag{4-10}$$

$$\gamma^{\mathrm{sl}}=\gamma_{\mathrm{Cu}}^{\mathrm{sl}}+\frac{RT}{S_{\mathrm{Cu}}}\ln\frac{X_{\mathrm{Cu}}^{\mathrm{sl}}}{X_{\mathrm{Cu}}}+\frac{\beta\Delta G_{\mathrm{Cu}}^{\mathrm{sl}}-\Delta G_{\mathrm{Cu}}}{S_{\mathrm{Cu}}} \tag{4-11}$$

另外由Young 公式联立方程，理论上，基于Butler方程[35]液态Cu-Sn合金在石墨上的表面张力变化，可以如下方程组表示：

$$\Delta\gamma_{\mathrm{Sn}}=\gamma_{\mathrm{Sn}}^{\mathrm{lv}}\cos\theta_{\mathrm{Sn}}-\frac{RT}{S_{\mathrm{Sn}}}\ln\frac{X_{\mathrm{Sn}}^{\mathrm{lv}}}{X_{\mathrm{Sn}}}+\frac{\beta\Delta G_{\mathrm{Sn}}^{\mathrm{lv}}-\Delta G_{\mathrm{Sn}}}{S_{\mathrm{Sn}}} \tag{4-12}$$

$$\Delta\gamma_{\mathrm{Cu}}=\gamma_{\mathrm{Sn}}^{\mathrm{lv}}\cos\theta_{\mathrm{Cu}}-\frac{RT}{S_{\mathrm{Cu}}}\ln\frac{1-X_{\mathrm{Sn}}^{\mathrm{sl}}}{1-X_{\mathrm{Sn}}}+\frac{\beta\Delta G_{\mathrm{Cu}}^{\mathrm{sl}}-\Delta G_{\mathrm{Cu}}}{S_{\mathrm{Cu}}} \tag{4-13}$$

$$\Delta\gamma_{\mathrm{Cu}}=\Delta\gamma_{\mathrm{Sn}} \tag{4-14}$$

$$\beta=\frac{9}{11} \tag{4-15}$$

式中，S_i、R分别表示合金中任一成分的表面积和气体常量，γ_i^{lv}表示合金中任一成分的表面张力，$\Delta G_{\mathrm{cu}}^{\mathrm{sl}}$表示合金液滴任一成分在石墨界面处的吉布斯自由能变化，ΔG_{cu}表示合金液滴的吉布斯自由能的变化，X_i^{sl}、X_i分别表示合金液滴的任一组元在石墨界面处的浓度和合金液滴任一组元的浓度。

4.3　复合氧化物还原合金颗粒形貌表征

4.3.1　还原环境对球形颗粒形貌的影响

图4.3 是通过还原氧化锡制备锡球粉末的SEM。实验通过氢气还原单一金属氧化物制备球形金属颗粒，研究了在还原过程中施加外部压力使氧化物预先成型对制备球形金属颗粒形貌的影响。图4.3（a）为氧化锡粉末与石墨粉混合后保持蓬松状态下，873 K氢气还原得到的金属粉末，可以看到由于金属锡熔点较低约505 K，因此在还原的过程中由于与石墨间的去润湿行为还原得到液态的锡金属直接球化。图4.3（b）为相同的实验条下，氧化锡粉末与石墨粉混合后通过施加一定的压力并保持被还原的混合粉末成压力状态，873 K氢气还原得到的金属粉末可以看到制备的金属锡颗粒多为立方形。这主要是因为金属液滴形成球体的球形度除了与自身的表面能直接相关，还

和毛细管常数和颗粒尺寸有关。在重力场的作用下，一般而言，较大液态金属液滴会发生轻微的轮廓扭曲。而对于氧化锡被氢气还原的过程中直接熔融，尽管液态金属锡与石墨界面发生去润湿行为球化，由于受到施加外力但还是保持了金属氧化成型时的形貌。

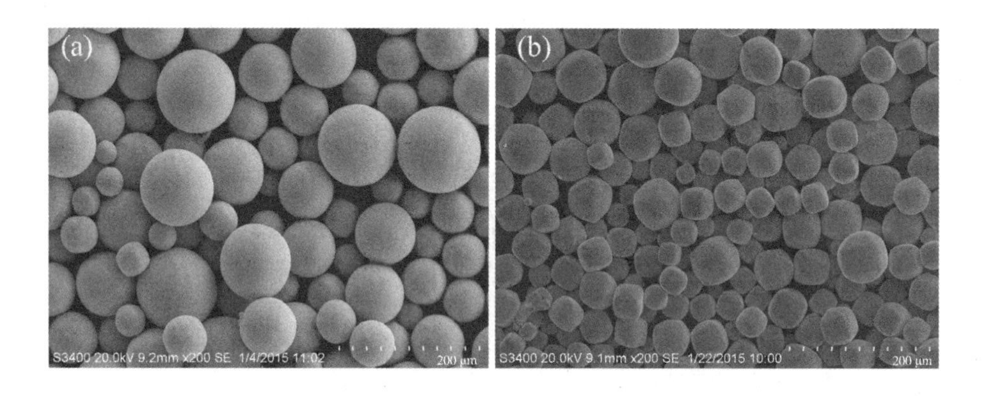

图4.3　不同外部压力制备的锡金属球形颗粒形貌SEM

（a）蓬松，（b）压力

4.3.2　不同球化温度对还原后合金颗粒形貌的影响

图4.4通过氢气还原混合金属氧化物$CuO-SnO_2$制备Cu–10wt.%Sn合金球形粉末的扫描电子显微镜照片。图4.4（a）显示在温度1073 K条件下制备的合金颗粒多为不规则形貌。在高倍扫描电镜下观察，颗粒表面有许多微孔，这是由于还原过程中气体释放造成的。因此，可以预见到，当进一步降低还原温度并保证充分还原的情况下，可以通过氧化还原的方法制备球形多孔粉末。当还原温度升高到1173 K时，Cu–Sn合金颗粒呈椭圆状，见图4.4（b）。进一步升高温度到1273 K时，Cu–Sn合金颗粒呈完美的球形，而且表面光滑，见图4.4（c）。根据平衡相图，Cu–10wt%铜锡合金的熔点约1285 K，然而，

Cu-Sn合金粉末球化退火显示，在低于熔点约1273 K就已经开始熔融，并且由于表面张力的作用球化。这可能是由于超细金属氧化物在氢气还原时局部温度达到了合金化的熔点。比较而言，当进一步提高退火温度达1323 K时，合金粉末颗粒表面形貌几乎没有明显的变化，尽管更高的退火温度会提高金属液滴的表面流动性，但同时也会降低其表面能。

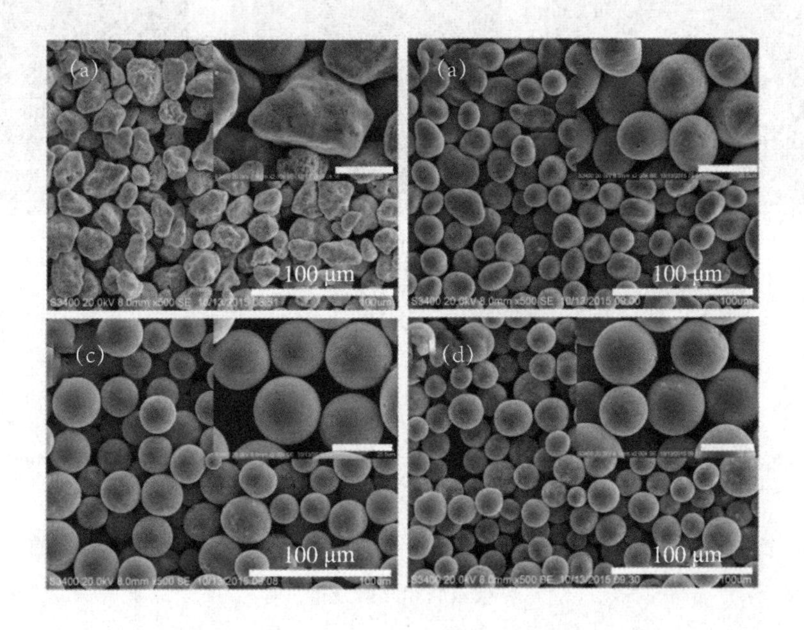

图4.4　通过还原CuO-SnO_2混合物在不同温度下制备Cu-10wt.%Sn 合金球形粉末的SEM
（a）1073 K，（b）1173 K，（c）1273 K，（d）1323 K，插图标尺20 μm

4.4　球形颗粒的截面元素分布与原位去润湿性

图4.5显示了Cu-10wt.%铜锡合金粉末1273 K退火的横截面。EDS结果表

明，球形粒子完全致密无孔，内部无任何块状夹杂物。图4.5（b）和（c）显示铜和锡元素呈均匀分布。如图4.5（d）-（e）所示由于石墨与铜或锡金属液滴之间的扩散是十分困难的，因此在球形颗粒表面没有出现碳化反应物。

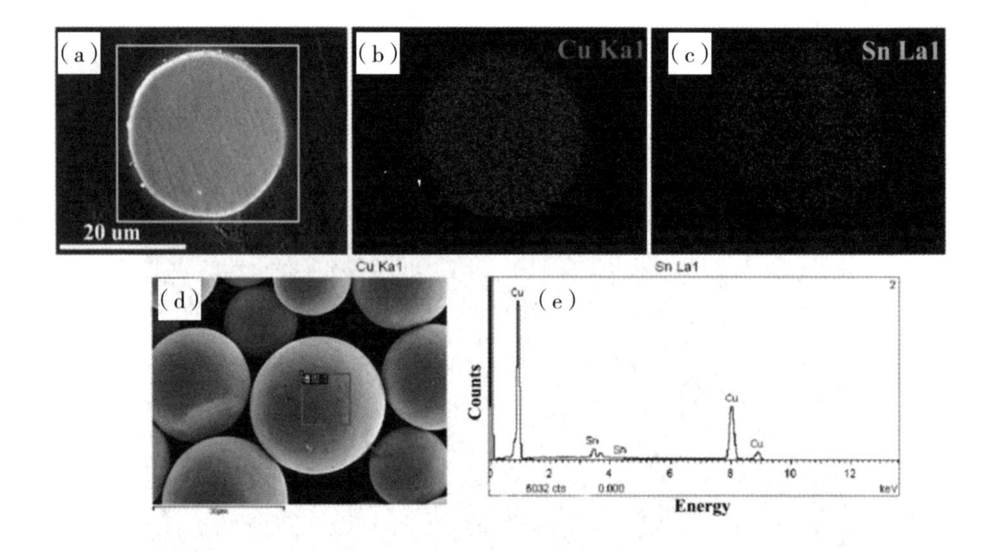

图4.5　通过还原$CuO-SnO_2$混合物，制备Cu-10wt.%Sn 合金球形粉末的横截面和元素分布

（a）横截面，（b）（c）元素分布，（d）（e）选区电子能谱成分分析

对于Cu-Sn二元合金，平衡相图中可溶性碳在铜熔点附近的溶解度极限约为0.04.%，而完全不溶解于液态锡[36]。更重要的是，Cu-Sn合金液滴体系的表面能要高于石墨，这表明Cu-Zn二元合金液滴不润湿石墨，块状夹杂物在表面张力作用下被排解出合金液滴。

4.5　氧化物还原与球形合金颗粒的尺寸分布的关系

图4.6显示了Cu-10wt.%铜锡合金粉末的粒度分布。合金球形粉末颗粒尺寸大小分布在10～40 μm，与SEM观察结果吻合较好。体积直径*d*10、*d*50、*d*90分别被定义为颗粒直径小于占比10%、50%、90%对应的颗粒尺寸大小[37]。正如实验部分的描述，原材料的氧化物经过（氧化铜10 μm和氧化锡1 μm）大约30 min的简单混合，而制备的球形合金粉末显示大小*d*50为20.1 μm，暗示使用石墨作为固体分散剂隔离材料的实验策略具有可靠性。类似传统的“溶液溶剂”，石墨粉也即“石墨海”展示了一个“固体溶剂”概念。因此，结合金属液滴与石墨的去润湿效应，利用固体溶剂作为分散剂使制备的金属不至于团聚，可以成功地合成单分散球形Cu-Sn合金粉末。

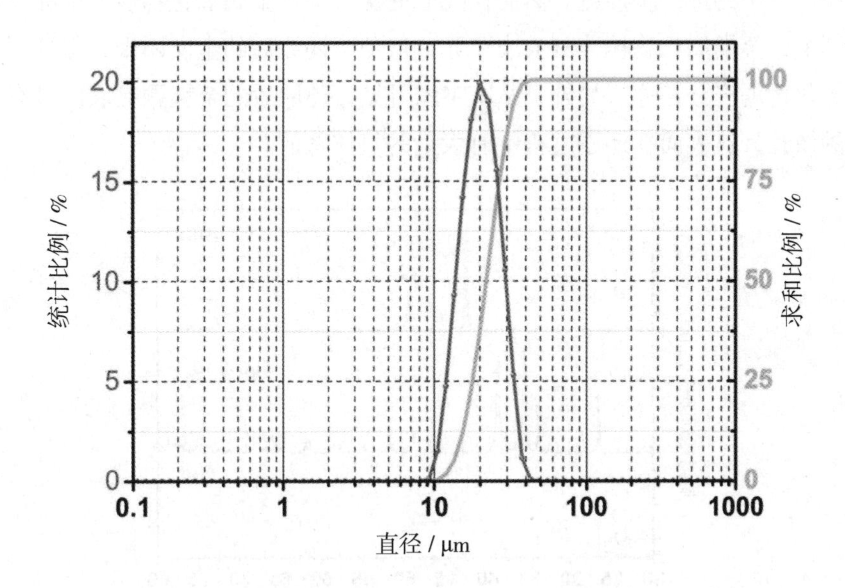

图4.6　制备Cu-10wt.%Sn 合金球形粉末的颗粒分布

4.6 还原氧化物制备的球形合金粉末XRD

图4.7是氢气还原混合金属氧化物制备球形Cu-10wt.%Sn合金粉末的XRD。由图4.7（b）可以看到，样品的衍射花样既没有出现金属氧化物的衍射峰也没有纯金属的衍射峰。球形粉末的XRD表明，通过还原制备的铜和锡金属在高温条件下形成了金属间化合物（JCPDS no.65-6821）。我们知道，金属氧化物在氢气中还原成金属是一个复杂的转换过程，特别传统的金属氧化物SnO_2在还原过程并不能充分的被还原成纯金属。过去大量的工作，通过控制还原过程的液相烧结和还原路线，来提高制备Cu-Sn合金粉末的效率。文献研究表明，氧化铜的氢气还原中涉及一个诱导期和H原子在氧化铜晶格中的渗入路线。此外，还原出来的锡金属将是熔融态，这可能形成一个液态阻隔层，导致部分的氧化铜和氧化锡无法充分的还原，而且还会抑制氢气在还原过程中的进一步渗透。然而在我们的实验中，金属氧化物被分散在固态溶剂中，金属氧化物被分割成小单元，避免了还原后的金属团聚，保证了金属氧化物的充分还原。另外，从SEM图可见，还原后的金属颗粒表面具有较多的微孔，这表面在还原过程中有大量的气体释放。

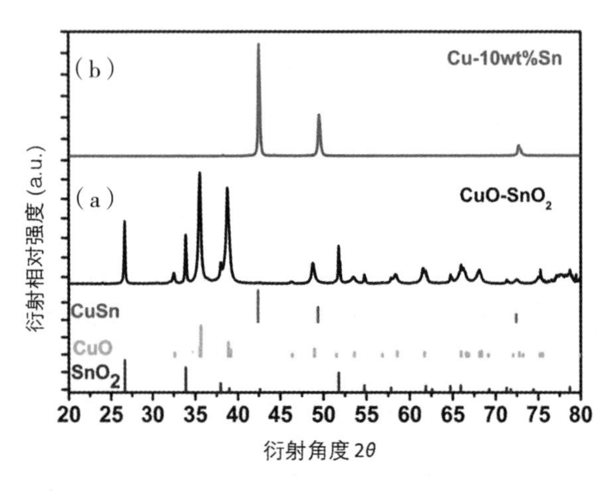

图4.7 粉末样品的XRD

（a）$CuO-SnO_2$混合物，（b）Cu-10wt.%Sn 合金球形粉末

4.7　本章小结

本章我们设计了氢气还原金属氧化物原位去润湿制备超细Cu-Sn合金粉末。氢气还原金属氧化物这一传统工艺虽然实现了金属粉末的制备，但是面临诸多问题，特别是还原过程中的液相烧结、还原不充分、颗粒团聚等，而且不能够制备球形的合金粉末。我们采取石墨粉作为固态溶剂分散预先均匀混合的$CuO-SnO_2$氧化物，在氢气还原的过程中，混合氧化物被石墨粉分散成小单元，实现了氢气的充分还原，避免了还原过程的合金液滴的液相烧结和吞并长大。

实验结果证实我们成功地通过直接还原金属氧化物结合原位去润湿效应制备了Cu-Sn合金球形粉末。Cu-10wt.%合金粉末的SEM显示不同温度条件下的球形颗粒球形度和表面光洁度。当热处理温度在1273 K时，合金颗粒的球形度最高，表面光洁。球形颗粒横截面的SEM显示制备的球形颗粒完全致密，无块状夹杂物。元素EDS面分布显示Cu和Sn分布均匀。XRD结果证实制备的球形合金粉末还原充分，没有氧化物合纯金属出现，形成单一合金相。颗粒尺寸分布显示制备Cu-Sn合金颗粒10 ~ 30 μm。

参考文献

[1] 钱逸泰，傅佩珍，曹光旱，等. 氢氩混合气还原复合氧化物制备合金微粉[J].金属学报，1991（6）：158-159.

[2] 朱骏，李宏杰，孙根生，等. 气相还原制备Nb3Sn合金超微粉末[C]:冶金研究中心2005年“冶金工程科学论坛”论文集，2005，413-416.

[3] 宋生强.氧化钼、氧化钒自还原直接合金化冶炼含钼含钒钢研究[D].武

汉：武汉科技大学，2014.

[4] V. Badin，E. Diamanti，P. For ê t，et al.Design of stainless steel porous surfaces by oxide reduction with hydrogen[J]. Materials & Design，2015，86：765–770.

[5] 王岳俊.氢还原氧化亚铜制备MLCC用均分散铜粉[D]. 长沙：中南大学，2012.

[6] 肖玮.基于富氢气体直接还原钛铁矿制备富钛料及钛合金的新工艺研究[D].上海：上海大学，2014.

[7] B. Hou，H. Zhang，H. Li，et al.Study on Kinetics of Iron Oxide Reduction by Hydrogen[J].Chinese Journal of Chemical Engineering，2012，20：10–17.

[8] D. G. Kim，S. T. Oh，H. Jeon，et al.Hydrogen–reduction behavior and microstructural characteristics of WO_3 – CuO powder mixtures with various milling time[J].Journal of Alloys and Compounds，2003，354：239–242.

[9] D. G. Kim，B. H. Lee，S. T. Oh，et al.Mechanochemical process for W – 15 wt.%Cu nanocomposite powders with WO_3 – CuO powder mixture and its sintering characteristics[J].Materials Science and Engineering: A，2005，395：333–337.

[10] D. G. Kim，K.H. Min，S. Y. Chang，et al.Effect of pre–reduced Cu particles on hydrogen–reduction of W–oxide in WO_3 – CuO powder mixtures[J]. Mater. Sci. Eng. A，2005，399：326–331.

[11] B. H. Lee，B.S. Ahn，D. G. Kim，et al. Microstructure and magnetic properties of nanosized Fe – Co alloy powders synthesized by mechanochemical and mechanical alloying process[J].Materials Letters，2003，57：1103–1107.

[12] T. Takahashi.Preparation of Metallic Porous Materials by Oxide–Reduction Liquid Phase Sintering of Fe–SnO_2 Mixture[J].Materials Transactions,2006，47：2143–2147.

[13] J.H. Shin，J.S. Park，D.H. Bae.Fabrication of supersaturated Cu–Sn alloy sheets and their antibacterial properties[J].Metals and Materials International，2011，17：441–444.

[14] F. Kohler，L. Germond，J.D. Wagnière，et al.Peritectic solidification of Cu – Sn alloys: Microstructural competition at low speed[J].Acta Materialia，2009，

57：56–68.

[15] T. Ventura，S. Terzi，M. Rappaz，et al.Effects of solidification kinetics on microstructure formation in binary Sn - Cu solder alloys[J].Acta Materialia，2011，59：1651–1658.

[16] W.L. Chen，C.Y. Yu，C.Y. Ho，et al.Effects of thermal annealing in the post–reflow process on microstructure，tin crystallography，and impact reliability of Sn - Ag - Cu solder joints[J].Materials Science and Engineering: A，2014，613：193–200.

[17] 王晔.高铁制动用粉末冶金摩擦材料的制备及性能研究[D].北京：北京科技大学，2015.

[18] 徐少林.青铜结合剂金刚石砂轮胎体性能评价与制备工艺研究[D].武汉：中国地质大学，2011.

[19] 王聪聪，贾成厂，申承秀，等.球形化处理铜锡粉末制备CuSn10含油轴承[J].粉末冶金材料科学与工程，2013，18（4）：572–578.

[20] L. Jun，L. Ying，L. Lixian，Y. Xuejuan.Mechanical properties and oil content of CNT reinforced porous CuSn oil bearings[J].Composites Part. B，2012，43：1681–1686.

[21] S.W. Banovic Microstructural characterization and mechanical behavior of Cu - Sn frangible bullets[J].Materials Science and Engineering: A，2007，460：428–435.

[22] 廖晓宁.铜及青铜合金在静态和动态薄液膜下的腐蚀行为研究[D].杭州：浙江大学，2012.

[23] A. Sun，D. Wang，Z. Wu，et al.Synthesis of ultra–fine Mo - Cu nanocomposites by coreduction of mechanical–activated $CuMoO_4$ - MoO_3 mixtures at low temperature[J].Journal of Alloys and Compounds，2010，505：588–591.

[24] J.Y. Kim，J.A. Rodriguez，J.C. Hanson，et al.Reduction of CuO and Cu_2O with H_2: H Embedding and Kinetic Effects in the Formation of Suboxides[J].Journal of the American Chemical Society，2003，125：10684–10692.

[25] B.–S. Kim，J.–c. Lee，H.–S.Yoon，et al. Reduction of SnO_2 with Hydrogen[J].Materials Transactions，2011，52：1814–1817.

[26] 丁莉.无铅自润滑双金属材料的研制及其性能研究[D].长沙：中南大学，2011.

[27] G. Zuoxing，H. Jiandong，Z. Zhenfeng. Laser sintering of Cu–Sn–C system P/M alloys[J].Journal of Materials Science，1999，4：5403–5406.

[28] R. Dong，Z. Cui，S. Zhu，et al.Preparation，Characterization and Mechanical Properties of Cu–Sn Alloy/Graphite Composites[J].Metallurgical and Materials Transactions A，2014，45：5194–5200.

[29] D.A. Mortimer，M. Nicholas. The wetting of carbon by copper and copper alloys[J].Journal of Materials Science，1970，5：149–155.

[30] A. Habenicht，M. Olapinski，F. Burmeister，et al. Jumping nanodroplets[J].Science，2005，309：2043–2045.

[31] X.B. Zhou，J.T.M. De Hosson.Reactive wetting of liquid metals on ceramic substrates[J].Acta Materialia，1996，44：421–426.

[32] A. Passerone，M.L. Muolo，D. Passerone. Wetting of Group IV diborides by liquid metals[J]. Journal of Materials Science，2006，41：5088–5098.

[33] P. Baumli，G. Kaptay，Wettability of carbon surfaces by pure molten alkali chlorides and their penetration into a porous graphite substrate，Mater. Sci. Eng. A，2008，495：192–196.

[34] B.J. Keene. Review of data for the surface tension of pure metals[J]. International Materials Reviews，1993，38：157–192.

[35] Z. Weltsch，A. Lovas，J. Tak á cs，et al.Measurement and modelling of the wettability of graphite by a silver－tin（Ag－Sn）liquid alloy[J].Applied Surface Science，2013，268：52–60.

[36] G. Lopez，E. Mittemeijer.The solubility of C in solid Cu[J].Scripta Materialia，2004，51：1–5.

[37] G. Walther，T. Büttner，B. Kieback，et al.Properties and sintering behaviour of fine spherical iron powders produced by new hydrogen reduction process[J].Powder Metallurgy，2014，57：176–183.

第5章　铁基磁性合金球形粉末制备及液-固界面去润湿性

5.1　引　言

金属软磁材料，一般称软磁合金，具有高磁导率、低损耗、高饱和磁化强度等优异的电磁性能，被广泛应用于开关电源、变压器、功能流体等电子器件和传感器[1-7]。其中，铁基磁性合金因其优良的软磁性能被大规模生产和应用。随着制备技术的进步，非晶态或纳米微晶态铁基磁性合金的成功研制进一步提高了磁性合金材料的软磁性能，大大拓展了软磁合金的研究和应用领域[7-17]。由于非晶态软磁合金中原子短程有序，长程无序，因此不存在结晶学上的晶粒、晶界等缺陷，磁晶各向异性消失，所以磁导率、矫顽力等磁性参数主要取决于饱和磁致伸缩系数以及内部应力状态。另外，由于没有晶体缺陷，降低了动态磁化过程的磁畴运动阻力，原子的无序还造成的散射电阻率，一般比晶态合金大2～3倍，因此可望获得比晶态更高的磁导率、更低的矫顽力和更低的涡流损耗[10]。同时，没有晶体缺陷，也就没有易发生腐蚀现象的“源”，则可在获得良好磁性的同时，还具有良好的耐腐蚀性[17-21]。然而，实际生产制备过程中铁基合金的玻璃态形成能力较差，常常在非晶态基质中伴随α-Fe相的析出，而且，随着铁元素含量的增高，铁基合金的非晶态形成能力将会进一步降低[22, 23]。为了提高非晶的形成能力，需要更快的冷却速度，传统快淬工艺中，只能做成条带或丝状，而非晶态铁基块材合金的制备依然面临诸多困难，因此，工艺方法限制了其应用范围，导致产品局限于带材及带材绕制的磁芯产品，而形状复杂的产品则难以制备。

磁粉芯材料是指将磁性金属粉末经过绝缘包覆后，通过粉末冶金方法制成的一种复合软磁材料，由于构成磁粉芯的磁性颗粒之间彼此绝缘，增大了颗粒之间的电阻率，使磁粉芯的损耗大大降低，从而保证了磁粉芯在较宽的频率范围内保持稳定，它的工作频率可以从几十赫兹到兆赫兹量级[24, 25]。同时，磁粉芯可以采用非晶态的磁性金属粉末压制成任意形状的产品，克服了传统块材非晶态合金制备的困难，而且价格更为低廉，迅速在工业上得到应用，尤其是作为电感滤波器、调频扼流圈以及开关电源的铁芯，广泛地应用于电讯、雷达、电视、电源等技术中。目前，非晶态软磁合金粉末作为磁粉芯和电磁屏蔽材料[3,26]，其制备方法主要采用熔融合金快速凝固铸锭破碎、熔融合金快淬非晶带破碎、熔融合金快速雾化以及液滴喷射法等技术[14, 27]，制造的非晶合金粉末多为不规则、扁平状或椭球形。扁平状或不规则粉末虽然压实密度高但由于粉末存在异形化问题，易破碎、掉渣、穿刺，不利于绝缘化处理，增加损耗，降低了其电磁性能，雾化法虽然能较好制备球形粉末，适用热喷涂法的大面积电磁屏蔽涂层，但多为类球形，表面不光洁、流动性差，而且工艺复杂、成本较高。

因此，制备易于制作磁粉芯的非晶态铁基软磁合金球形粉末，无论是对于提高磁性器件在高频应用领域，还是针对磁粉芯材料制备工艺方法的研究，具有重大应用价值和理论研究意义。

5.2　实验部分

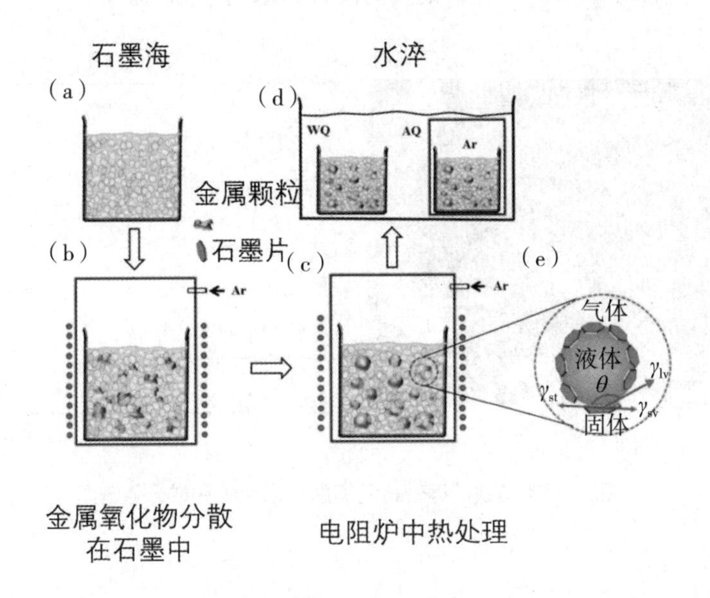

图5.1　液固界面去润湿效应制备非晶铁硅硼合金球形粉末实验流程图

5.2.1　实验路线

本章实验原材料非晶$Fe_{78}Si_9B_{13}$磁粉均来自安泰科技股份有限公司的商业磁粉。如图5.2所示，主要是通过真空熔炼铁硅硼合金，熔融块淬成条带后气流磨破碎制备的金属粉末。本实验具体过程：将制备的无规则的$Fe_{78}Si_9B_{13}$合金粉末，按质量比1∶1与石墨粉均匀混合；为了对比试验中冷却速度对制备合金球形粉末非晶度的影响，将混合粉末置于石英管，抽真空封管，保存备用；将马弗炉升温到预定温度，再将装有混合粉末并密封的石英管快速地置于炉膛中，保温5～20 min，然后快速取出。冷却的方式分为慢冷和快冷，慢冷是取出石英管在空气冷至室温；快冷是取出石英管放入冷水中水淬。水淬的方式又分为两种：一是直接将石英管置于水中；二是快速取出的石英管置于水中并破碎。最后，将收集到的混合粉末超声分离。

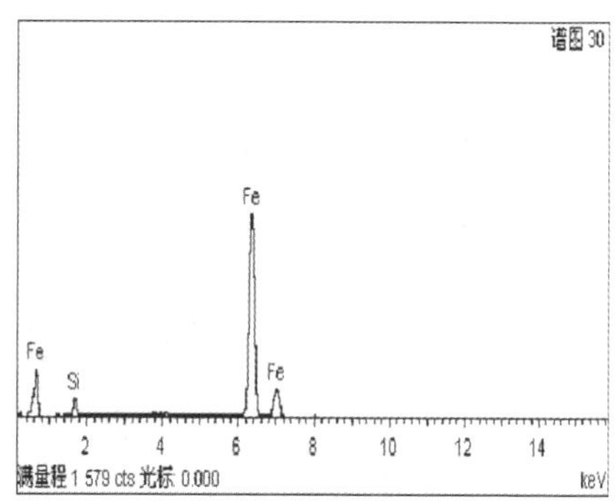

图5.2　非晶铁硅硼带材气流磨粉末形貌和成分能谱图

5.2.2　合金在固体石墨介质中的去润湿行为

正如第1章中讨论，非反应体系指金属液滴与固体基质表面接触前后几乎不发生反应的体系。润湿行为的主要驱动力来源于液-固界面取代气-固界面的界面能发生变化，而阻力则来自金属液体的粘滞度。固、液、气三相界面的润湿行为由Young方程[28]描述。

石墨作为理想的固体界面材料，相对液态金属或合金而言，具有较低的表面能。高表面能的金属液滴接触石墨固体时，一般而言，金属液滴会通过收缩降低系统自由能保证体系的稳定。因此，在非反应体系中具有大的表面能接触具有相对小的表面能的固体时，通常会表现出去润湿（de-wetting）

行为。

然而，实验中采用的固体介质石墨与所制备的$Fe_{78}Si_9B_{13}$合金体系属于典型的反应体系。反应体系是指高温情况下金属液滴活性元素与基底发生扩散与吸附、化学反应以及生产反应物等，润湿驱动力将表现更为复杂。特别是实验中反应生成的碳化物以及$Fe_{78}Si_9B_{13}$合金的渗碳反应。固、液、气三相界面的润湿行为将会出现两种润湿模型：局部反应润湿控制模型和扩散润湿控制模型。从能量角度分析，生成反应物将会使系统自由能的降低，从而导致三相点前沿出现一定的铺展，此时，三相界面平衡时的界面接触角由下方程[29]描述：

$$\cos\theta = \cos\theta_0 - p\frac{\Delta G}{\gamma^{\mathrm{lv}}} \tag{5-1}$$

式中，θ为生成反应物后的接触角，γ^{lv}分别为气/液界面的界面张力，ΔG是生成反应物前后自由能的变化，p是单位面积内反应物的摩尔物质的量。

从上式（5-2）可以看出，反应自由能的变化越大，润湿铺展越易实现。这对于与石墨均会发生渗碳或反应的过渡金属，表现得尤为明显。例如，熔点附近液态纯Fe的表面能约为1850 mJ/m^2，然而，实际平衡接触角仅为50° 表现为润湿行为。

但是，在实际实践过程中发现，尤其是某些液态合金情况下却出现了去润湿的结果。1987年，Bozack等[30]研究$Ni_{55}B_{45}$、$Pd_{72}B_{28}$、$Pt_{72}B_{28}$以及Pd_2As在石墨基底的润湿行为时发现，合金液滴在石墨固体介质中发生去润湿现象。其中，$Ni_{55}B_{45}$合金液体在石墨基底上面的润湿接触角为130°，而在以往的实验测量中，液态纯镍金属在石墨基底上面的平衡接触角只有45°。详细的表征结果证实是由于液态合金表面生成的碳化物高温下非常稳定，抑制了后期反应的进一步进行。合金表面的生成物分离了合金液滴与石墨介质的直接接触，从而导致了去润湿现象的发生。因此，本实验基于此，设计出了$Fe_{78}Si_9B_{13}$合金粉末分散在石墨介质中的球化实验。

5.3 合金粉末的形貌表征

5.3.1 热处理温度对表面形貌的影响

图5.3 显示不同熔融温度保温5 min $Fe_{78}Si_9B_{13}$合金球形颗粒的SEM。熔融状态下，$Fe_{78}Si_9B_{13}$合金与石墨之间将发生化学反应和渗碳反应。为了研究反应体系中去润湿的过程，选择保温时间一致，升高熔融温度。具体实验是预先将电阻炉升高到预定温度，然后将装有$Fe_{78}Si_9B_{13}$与石墨均匀混合粉的石英管（抽真空，充入0.05 MPa氩气）快速置于炉膛中保温5 min。最后，取出石英管空气中冷至室温。

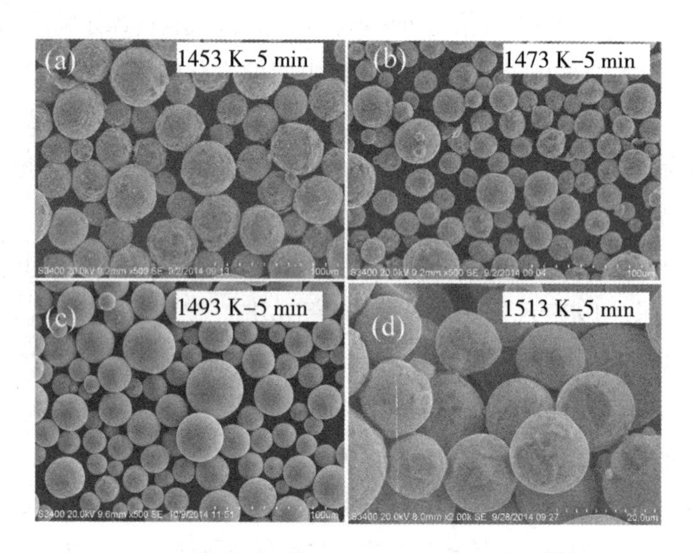

图5.3 不同熔融温度保温5 min Fe合金球形颗粒的SEM

（a）1453 K@5 min，（b）1473 K@5 min，（c）1493 K@5 min，（d）1513 K@5 min

由图5.3可见，随着熔融温度的提高，合金液滴表面的光洁度改善较大，进一步提高熔融温度，由于合金表面张力和黏滞性均会随着温度的提高而降低，合金液滴因自身重力作用，表面开始出现了压痕。

5.3.2　冷却凝固方式对表面形貌的影响

图5.4是原材料和经过不同冷却处理后的$Fe_{78}Si_9B_{13}$金属粉末的SEM照片。由图5.4（a）-（c）可见，处理前后颗粒尺寸大小基本保持一致，约10~40 μm。经过气流磨非晶带材制备的原材料金属粉末，多为不规则形状，棱角分明。而经过实验处理后的$Fe_{78}Si_9B_{13}$的粉末则展现出较高的球形度。在经过热处理后，FeSiB-AQ和FeSiB-WQ样品分别表示通过不同的冷却方式的$Fe_{78}Si_9B_{13}$球形粉末。AQ表示氩气冷却，WQ表示直接水冷却。另外，通过比较FeSiB-AQ和FeSiB-WQ样品的SEM形貌，我们可见，FeSiB-AQ样品表现出光滑的表面，而FeSiB-WQ通过直接接触水表面出现较多的褶皱。这是因为，一方面，熔融合金液滴在水冷过程中，由于样品的凝固和水冲击，另一方面，FeSiB-WQ样品表面形成的碳化物杂质富集在球形颗粒的表面，并且表现出不均匀性。从碳化物主要富集在金属颗粒的表面可推测，液态金属液滴与石墨界面发生了原位去润湿，在冷却的过程中，金属液滴由于表面张力作用实现球化，而碳化物作为表面包覆的绝缘涂层，也将降低用作磁粉芯材料的涡流损耗。

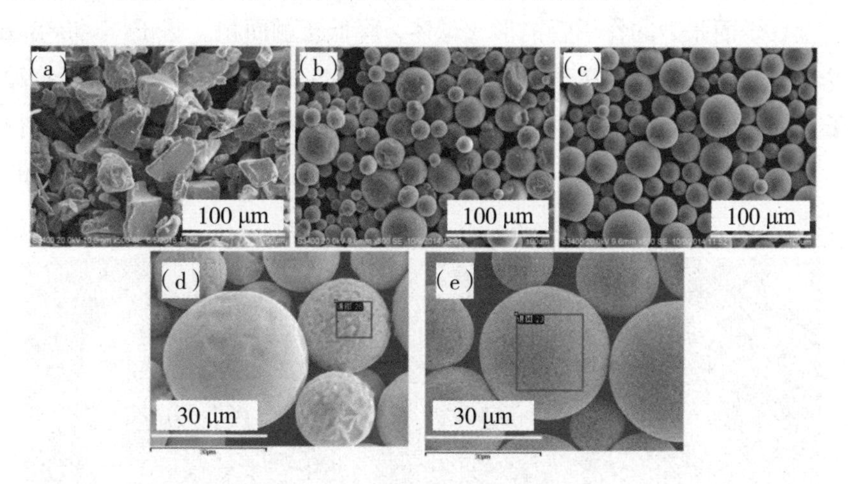

图5.4　粉末样品的SEM

（a）气流磨FeSiB原材料粉末，（b）直接水淬FeSiB合金球形粉末，（c）氩气氛围冷却FeSiB合金球形粉末，（d）直接水淬球形粉末高倍率SEM，（e）氩气氛围冷却球形粉末高倍率SEM

5.3.3 不同固体介质对液态合金球化的影响

类似于前面的两个工作，采用廉价的石墨片材料制备的球形$Fe_{78}Si_9B_{13}$合金粉末，从形貌表征可见，液态$Fe_{78}Si_9B_{13}$合金在石墨介质中虽然属于反应体系，但有界面反应抑制机制，依然出现去润湿行为。通过不同的时间和温度调节实现了合金颗粒完美的球形度和光洁的表面。高温液态金属在固体表面润湿性研究主要有两个因素主导，一是高温液态金属物理化学性质，二是固体介质的物理化学性以及几何结构。因此，作为对比试验研究，我们进一步做了铁基合金在非反应体系中的去润湿球化实验。通过采用氧化铝陶瓷粉末作为固体分散剂，将合金粉末三维包裹。我们知道氧化铝陶瓷粉末在高温下较为稳定，一般不如液态金属发生化学反应，在工业上也常用来作为增强体，提高复合材料的力学性能。另外，氧化铝粉末由于具有较多的空隙，因此相对石墨片具有较高的粗糙度。由液–固界面润湿性的基本理论知道，对于不反应的两个不同界面相的接触体系而言，当具有较高表面能的液态铁基合金接触具有较低表面能的氧化铝基底时，为了降低体系的自由能，液态铁基合金在表面张力的作用趋向形成球体，降低接触面积。基于Cassie–Baxter理论，实际上液态金属在于具有较高空隙的基底材料接触过程中实际接触面积要远大于阴影面积，这对于高温液态金属接触固体介质材料的不润湿行为是十分有利的。图5.5 显示了在Al_2O_3固体介质中Fe基合金球形颗粒的SEM。

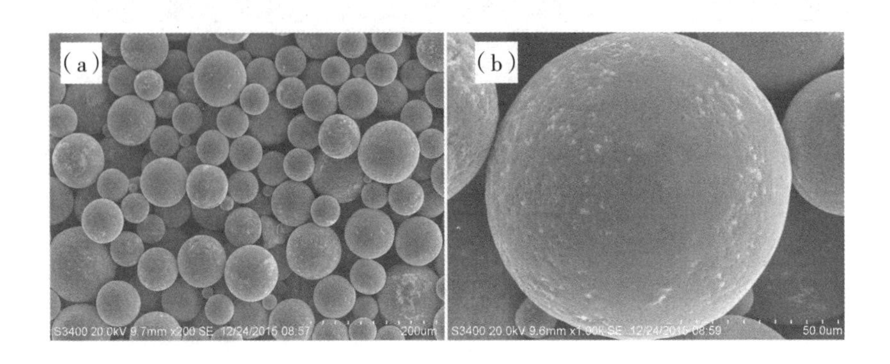

图5.5 Al_2O_3固体介质中Fe基合金球形颗粒的SEM

由图5.5可见，在非反应体系中FeSiB成球较好，证实液态FeSiB在陶瓷基底中表现出去润湿行为，高倍扫描电子显微镜图可以看到制备的FeSiB合金颗粒表面镶嵌少量的超细氧化铝颗粒。

5.4　球形颗粒表面以及内部成分分析

图5.6是原材料和球化处理粉末样品的成分分析。结果显示球形颗粒的表面含有大量的碳，FeSiB-WQ和FeSiB-AQ样品的碳浓度分别约为9.2wt.%和5.2wt.%。进一步通过CS-844碳/硫分析仪测量整体粉末的碳含量，结果表明FeSiB-WQ粉末碳含量小于1.73wt.%。综合以上结果表明碳化物杂质主要集中在球形颗粒的表面。

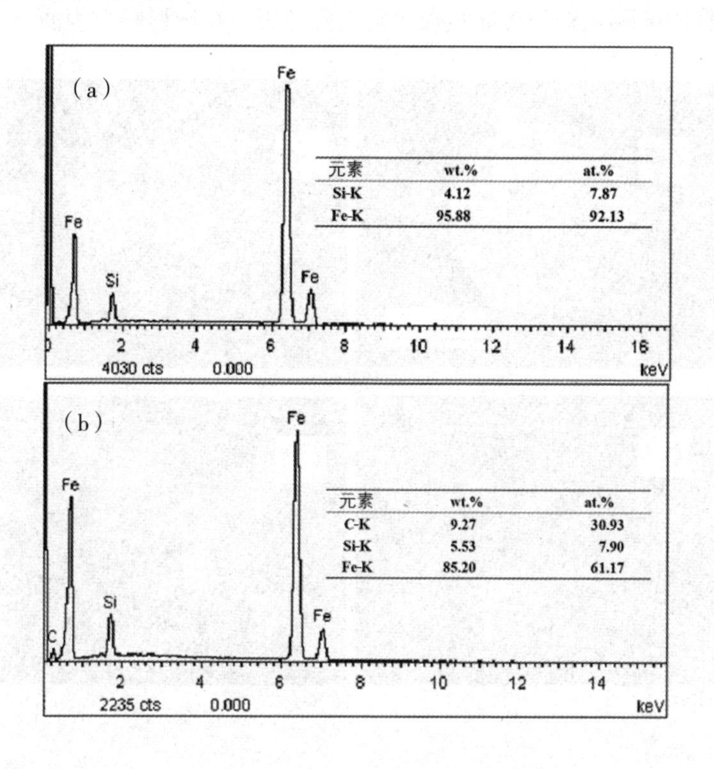

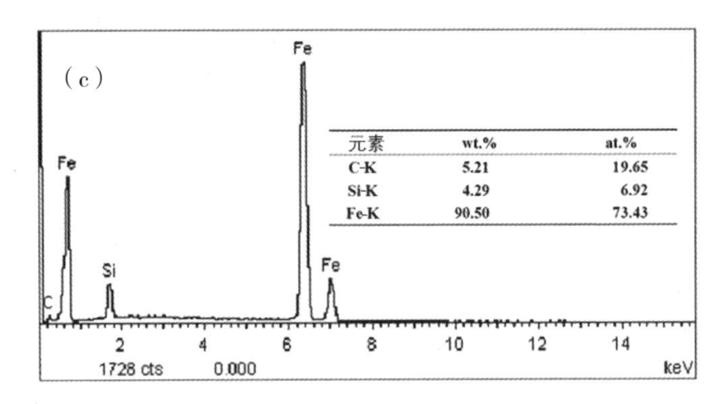

元素	wt.%	at.%
C-K	5.21	19.65
Si-K	4.29	6.92
Fe-K	90.50	73.43

图5.6　样品EDS能谱图

（a）气流磨FeSiB原材料粉末，（b）直接水淬FeSiB合金球形粉末，（c）氩气氛围冷却FeSiB合金球形粉末

图5.7显示了样品FeSiB-WQ和FeSiB-AQ的SEM横截面。结果显示，金属粉末均为致密的球形颗粒。另外，不考虑球形颗粒表面包覆物，球形颗粒内部几乎没有大块的碳化物夹杂。元素分布电子能谱显示Fe和Si元素均较为均匀，而且内部碳元素分布证实碳元素主要是集中在球形颗粒表面。

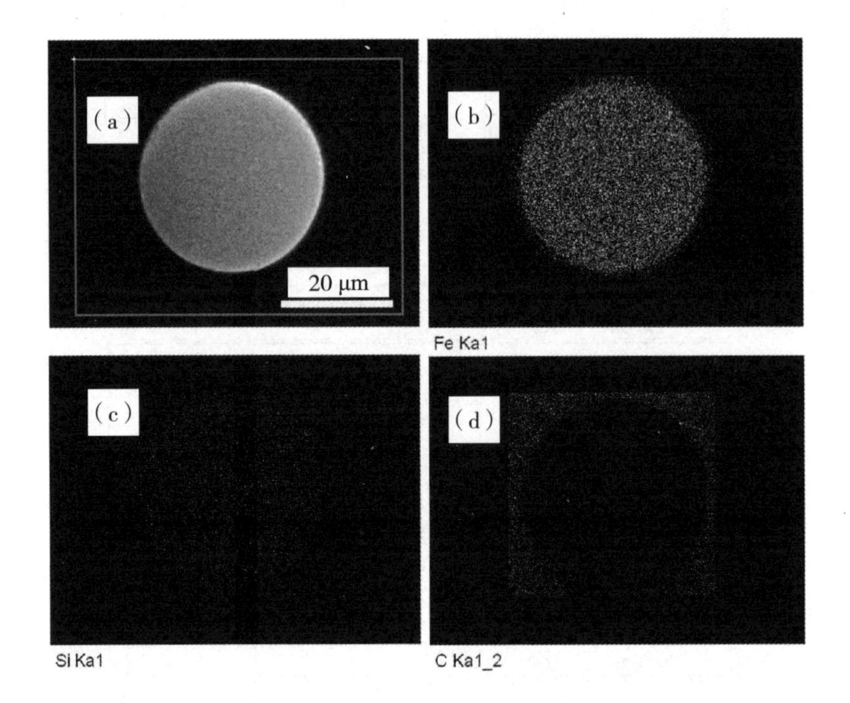

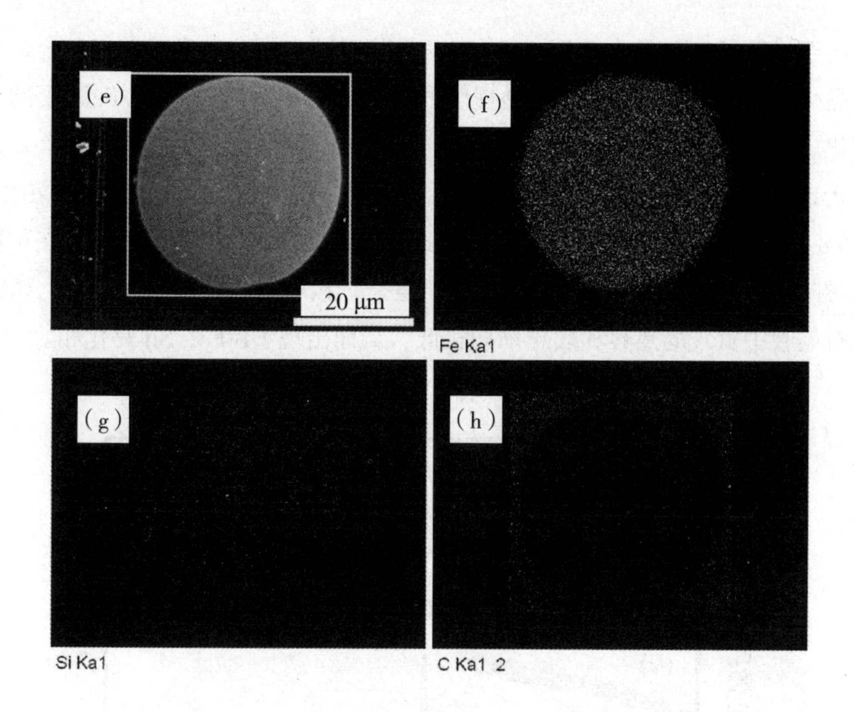

图5.7　FeSiB球形颗粒横截面SEM和元素分布图

（a）-（d）直接水淬FeSiB合金球形粉末，（e）-（h）氩气氛围冷却FeSiB合金球形粉末

5.5　合金物相分析与磁性能

图5.8 是原材料和实验球化后粉末的XRD结构表征。原材料粉末XRD图样显示，在非晶驼峰中间具有较强的α -Fe晶化峰。尽管，原材料采用了商用的带材并经过气流磨制粉，但是出现了晶化峰与非晶驼峰的混合图样，表明铁基合金的非晶的形成能力较差。图5.8（b）显示FeSiB-WQ样品的X射线衍射图样，证实是典型的非晶峰。以上结果，我们看到球形FeSiB-WQ粉

末在经过重新熔融、水淬后α-Fe相含量相对减少了。非晶$Fe_{78}Si_9B_{13}$合金主要晶化相为α-Fe，因此，非晶程度的提高，可视为基质中α-Fe团簇的无序化。在本实验中，$Fe_{78}Si_9B_{13}$合金经过重新高温熔融，B元素和Si元素开始进入α-Fe相晶格点阵，直接水淬火后，α-Fe团簇诱导出一定量的Fe-B相。图5.8（c）显示，FeSiB-AQ样品表现出更为复杂的结晶过程，尽管，在重新熔融阶段，一部分α-Fe相含量减少，但是，相对水的冷却速度而言，密封在石英管中氩气的热容和热导率均较低，从而出现了$B(Fe, Si)_3$晶化相。

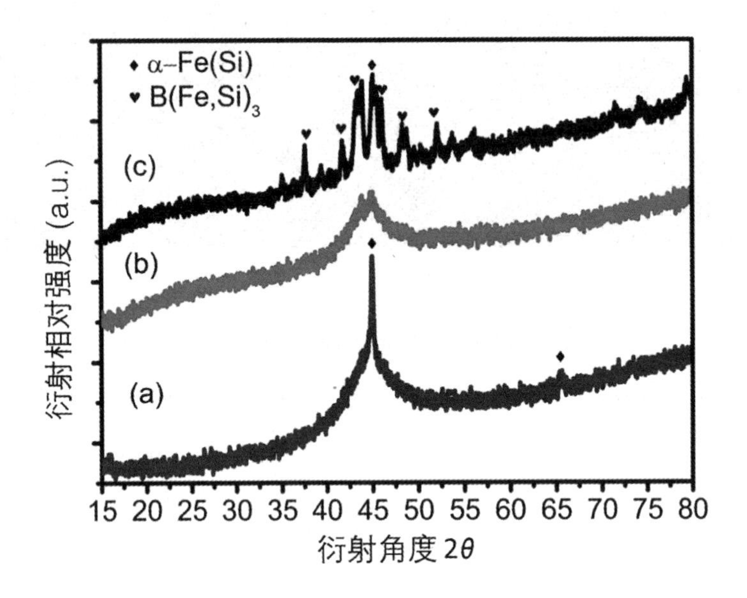

图5.8　合金粉末样品XRD图样

（a）气流磨FeSiB原材料粉末，（b）直接水淬FeSiB合金球形粉末，（c）氩气氛围冷却FeSiB合金球形粉末

图5.9显示了原材料粉末和球形$Fe_{78}Si_9B_{13}$合金粉末的室温磁滞回线。原材料粉末样品表现出最大的磁化强度和矫顽力，这是由于样品的磁矩主要取决于大磁矩α-Fe相的贡献。然而，球形的FeSiB-WQ粉末的磁化强度和矫顽力均是最小的。相对原材料饱和磁化强度的降低，一方面是由于α-Fe相含量的减少，并且Si元素或B元素与Fe元素的最近邻配置发生变化也会导致

每原子磁矩的减少。另一方面，由于材料的磁性对微观成分和晶体结构十分敏感[31]，特别是Fe-Si-B球形颗粒表面的非磁性氧化物和碳化物都会降低磁性金属粉末的饱和磁化强度。矫顽力的降低，则主要是由于非晶度的提高。当冷却速度降低后，比较FeSiB-AQ与FeSiB-WQ样品可见，由于出现具有较高磁各向异性的硬磁相，粉末样品的矫顽力将会大大增加。

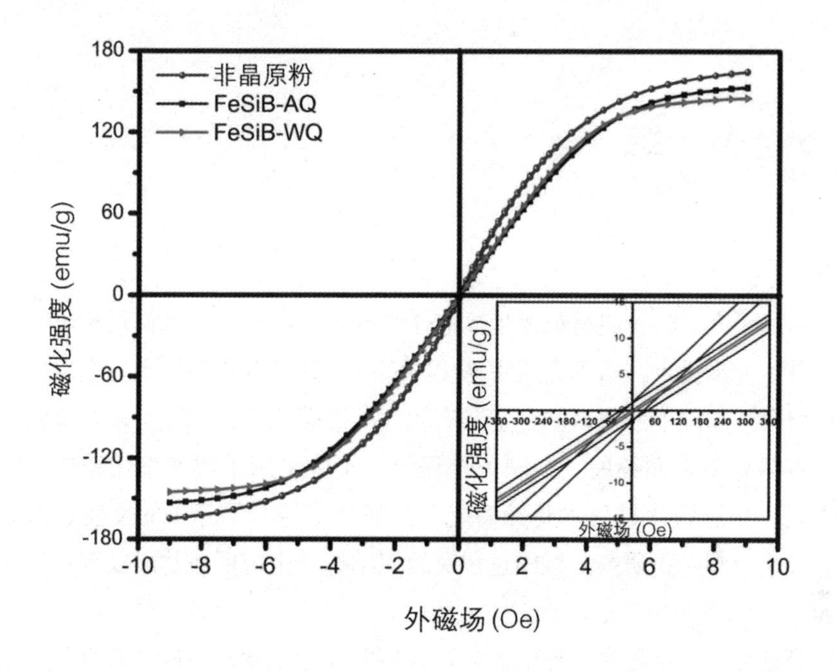

图5.9　非晶 FeSiB原材料粉末、直接水淬FeSiB-WQ合金球形粉末和氩气氛围冷却FeSiB-AQ合金球形粉末的室温磁滞回线

详细的磁参数见表5.1，合金样品的饱和磁化度随着非晶度的提高而降低，水淬样品具有良好的软磁性能，饱和磁化强度145 emu/g，矫顽力2.8 Oe。因此，该非晶态铁基软磁合金球形粉末样品适合用于绝缘包覆并制作成复杂结构的磁粉芯材料，满足磁性器件在高频领域的应用。

表5.1　原材料和球形合金粉末的饱和磁化强度和矫顽力

样品	饱和磁化强度M_s（emu/g）	矫顽力H_c（Oe）
原材料	163	22.7
FeSiB-AQ	159.2	31.5
FeSiB-WQ	145	2.8

5.6　小　结

本章研究了与石墨材料发生反应体系的去润湿行为，我们设计出铁基非晶态磁性合金粉末在石墨介质中球化的实验。铁基合金与石墨发生反应生成碳化物而且高温下液态铁基合金具有较大的渗碳能力，原则上Fe合金液滴将会在石墨介质表面铺展。在制备过程中，实验采用了快速熔化和快速冷却的方式。快速熔化过程主要为缩短了铁基合金与石墨介质的反应、渗碳时间。快速冷却主要研究了凝固过程对组织结构、生成反应物以及颗粒形貌的影响。

经过形貌、结构和磁性能表征结果表明：熔融状态下Fe基合金与石墨发生反应，但表面生成稳定的碳化物抑制了合金液滴在石墨介质表面铺展，实现了去润湿球化，制备的合金球形粉末颗粒内部致密无块状夹杂物。通过控制冷却温度和方式，制备的合金球形粉末颗粒表面差异性较大，相比原材料粉末，经过水淬冷却样品的非晶度具有较大的改善，进一步磁性能表征显示水淬样品具有良好的软磁性能，饱和磁化强度145 emu/g，矫顽力2.8 Oe。此工作，首次实验证实液态金属/非金属粉末（即：液/固界面）界面去润湿的方法即使在反应体系中依然能实现液态合金的球化。

参考文献

[1] 曹静. 1J79软磁合金的制备[D]. 兰州：兰州理工大学，2006.

[2] 周磊. 高Bs、低损耗软磁材料研究[D]. 包头：内蒙古科技大学，2007.

[3] 黄晓莉. 泡沫Fe-Ni电磁屏蔽材料的设计与屏蔽机理研究[D]. 哈尔滨：哈尔滨工业大学，2009.

[4] 王伟. 掺Co Sendust合金的微结构和磁性能研究[D]. 杭州：浙江大学，2007.

[5] 吴卫波.FeCo基高频软磁薄膜的制备与特性研究[D]. 成都：电子科技大学，2009.

[6] 曹晓琴. Co基半金属Heusler合金薄膜的制备及高频软磁性能研究[D]. 福州：福建师范大学，2014.

[7] C. Yang，X. Bian，J. Qin，et al. Metal-based magnetic functional fluids with amorphous particles[J]. RSC Advances，2014，4：59541-59547.

[8] H. J. Kim，S.K. Nam，K. S. Kim，et al. Magnetic Properties of Amorphous Fe - Si - B Powder Cores Mixed with Pure Iron Powder[J]. Japanese Journal of Applied Physics，2012，51：103001.

[9] W. Xiangyue，G. Feng，L. Caowei，et al. Fabrication and Magnetic Properties of A New Fe-based Amorphous Compound Powder Cores[J]. Journal of Magnetics，2011，16：318-321.

[10] X. Wang，C. Lu，F. Guo，et al.New Fe-based amorphous compound powder cores with superior DC-bias properties and low loss characteristics[J]. Journal of Magnetism and Magnetic Materials，2012，324：2727-2730.

[11] 唐坚. 金属软磁磁粉芯研究[D]. 沈阳：东北大学，2013.

[12] R. Hasegawa.Advances in amorphous and nanocrystalline materials[J]. Journal of Magnetism and Magnetic Materials，2012，324：3555-3557.

[13] Y. Liu，S. Niu，F. Li，et al.Preparation of amorphous Fe-based magnetic powder by water atomization[J].Powder Technology，2011，213：36-40.

[14] X. Li, A. Makino, H. Kato, et al. $Fe_{76}Si_{9.6}B_{8.4}P_6$ glassy powder soft-magnetic cores with low core loss prepared by spark-plasma sintering[J].Materials Science and Engineering: B, 2011, 176: 1247-1250.

[15] B.V. Neamţu, T.F. Marinca, I. Chicinaş, et al. Preparation and soft magnetic properties of spark plasma sintered compacts based on Fe - Si - B glassy powder[J].Journal of Alloys and Compounds, 2014, 600: 1-7.

[16] O. Životský, A. Hendrych, L. Klimša, et al. Surface microstructure and magnetic behavior in FeSiB amorphous ribbons from magneto-optical Kerr effect[J]. Journal of Magnetism and Magnetic Materials, 2012, 324: 569-577.

[17] P. Liu, J.L. Zhang, M.Q. Zha, et al.Synthesis of an Fe rich amorphous structure with a catalytic effect to rapidly decolorize Azo dye at room temperature[J]. ACS applied materials & interfaces, 2014, 6: 5500-5505.

[18] J. Q. Wang, Y. H. Liu, M. W. Chen, et al. Rapid Degradation of Azo Dye by Fe-Based Metallic Glass Powder[J].Advanced Functional Materials, 2012, 22: 2567-2570.

[19] B. Lin, X. Bian, P. Wang, et al.Application of Fe-based metallic glasses in waste water treatment[J].Materials Science and Engineering: B, 2012, 177: 92-95.

[20] C. Zhang, H. Zhang, M. Lv, et al.Decolorization of azo dye solution by Fe - Mo - Si - B amorphous alloy[J].Journal of Non-Crystalline Solids, 2010, 356: 1703-1706.

[21] C. C. Yang, X. F. Bian, J. F. Yang. Enhancing the efficiency of wastewater treatment by addition ofFe-based amorphous alloy powders with H_2O_2 in ferrofluid[J].Functional Materials Letters, 2014, 07: 1450028.

[22] J. Zhang, Z. Zheng, C.H. Shek. Significantly enhanced magnetic properties of a powder of amorphous $Fe_{70}Mn_xMo_3Cr_{4-6}W_{8-10}Si_{4-5}B_{3-5}$ particles achieved by annealing treatments below the crystallization temperature[J].Journal of Applied Physics, 2014, 115: 233912.

[23] X. Li, A. Makino, H. Kato, et al. $Fe_{76}Si_{9.6}B_{8.4}P_6$ glassy powder soft-magnetic cores with low core loss prepared by spark-plasma sintering[J].Materials

Science and Engineering: B，2011，176：1247–1250.

[24] S. Dong，B. Song，X. Zhang，et al. Fabrication of FeSiB magnetic coatings with improved saturation magnetization by plasma spray and dry–ice blasting[J].Journal of Alloys and Compounds，2014，584：254–260.

[25] S. Nakahara，E.A. P é rigo，Y. Pittini–Yamada，et al. Electric insulation of a FeSiBC soft magnetic amorphous powder by a wet chemical method: Identification of the oxide layer and its thickness control[J].Acta Materialia，2010，58：5695–5703.

[26] 郑夏莲.结构型吸波复合材料制备与吸波性能研究[D]. 南昌：南昌大学，2014.

[27] A. Miura，W. Dong，M. Fukue，et al.Preparation of Fe–based monodisperse spherical particles with fully glassy phase[J].Journal of Alloys and Compounds，2011，509：5581–5586.

[28] T. Young. An essay on the cohesion of fluids[J].Philosophical Transactions of the Royal Society of London，1805，95：65–87.

[29] C. Wu，V. Sahajwalla. Influence of melt carbon and sulfur on the wetting of solid graphite by Fe–C–S melts[J].Metall. Mater. Trans. B，1998，29：471–477.

[30] M.J. Bozack，A.E. Bell，L.W. Swanson. Influence of surface segregation on wetting of liquid metal alloys[J].Journal of Physical Chemistry，1988，92：3925–3934.

[31] S. Alleg，M. Ibrir，N.E. Fenineche，et al. Magnetic and structural characterization of the mechanically alloyed $Fe_{75}Si_{15}B_{10}$ powders[J].Journal of Alloys and Compounds，2010，494：109–115.

第6章　液-固界面效应难混熔合金球化制备及相分离研究

6.1 引　言

难混溶合金相分离特性，人们在制备工艺、凝固技术、相分离机制以及磁流体力学等方面进行了大量研究工作[1-4]。同时利用合金不同组分及相分离制备核壳复合结构合金球形粉末，已发展成为制备新型核壳复合结构材料的新方法、新思路。核壳结构合金复合材料因兼顾两种或两种以上合金元素的优点表现出特殊的力、热、光、磁等物理性质，特别是壳层元素可以赋予颗粒光、电、催化等性质，核心元素决定了其结构特征，如强度、磁性、热容等性质，广泛应用于电子封装用焊接材料[5, 6]、自润滑合金[7]、磁光效应材料[8]、相变储热材料[9]、催化材料[10]以及其他各种结构强化和功能复合材料。

目前，实验上的研究方法主要有落管法、电磁悬浮法、气动悬浮法、雾化法等。大量工作实现了在电子封装钎焊球、导电填充材料以及相变储能材料等领域具有应用潜力的Bi-Ga、Cu-Sn-Bi以及Al-Sn-Bi低熔点难混溶合金体系核壳结构的制备和研究[5, 9, 11, 12]。在研究方法中从核壳结构合金粒子的球化机制上可归结为两类：（1）利用金属液滴–气体介质（即液/气界面）界面张力作用实现合金颗粒球化；（2）金属液滴–液体介质（即液/液界面）的界面张力作用，实现合金颗粒球化。而且，合金球形粉末的组织、形貌、尺寸以及成分受工艺参数如加热温度、热时效处理、保温时间、气氛气压、冷却速率等影响。另外，在球形合金粒子的核壳结构凝固组织控制工艺中，一般采用冷却速率极快的熔融玻璃快冷、硅油快冷以及水淬等深冷或快冷技术[13, 14]。

难混溶合金相分离是指合金液体凝固过程中均质的液相被过冷到亚稳不混溶间隙时，原液相会分解为两个液相，凝固后的微观组织分离为一相的球形组织被另一相的基体包裹。虽然均质液相分离理论上可简单分为以下几个过程：（1）少量相的液相形核；（2）物质输运，即液核通过多种方式（Ostwald熟化、Stokes沉积、Marangoni对流等）扩散长大；（3）液核的粗化，但是凝固组织相分离是液滴形核、生长、Stokes、Marangoni运动以及运动液滴周围场与其相互作用的复杂结果[16]。而且由于合金液相的不透明性及高温条件，难混溶合金相分离的机制十分复杂，其研究也十分困难。

首先，难混溶合金核壳结构微观组织与元素、组分以及过冷度密切相关[17–19]。难混溶合金在发生液相分离之后，第二液相在基体液相中以调幅分解或者形核，形成一定尺寸的液滴之后，在扩散、Ostwald熟化、Brownian运动等作用下碰撞长大，在Stokes沉积和Marangoni对流作用下作定向迁移。合金组成处于临界成分及其附近时，易形成核壳组织，临界成分对应的难混溶温度间隙最大，临界成分的合金中第二相液滴有更长的迁移时间，更容易形成核壳组织，而且凝固过程中相分离后一般是具有低表面能液相包覆高表面能的液相。另外，对于具有稳定难混溶区的体系，在合金成分远离临界成分时，需要达到一定的过冷度，才能发生液相分离。而具有亚稳难混溶区的难混溶合金体系，发生液相分离需要达到临界过冷度。在共晶或偏晶平衡相图中，难混溶合金在液态中表现出相分离是随着组分的添加而改变，合金的热力学性质也表现出相反的趋势。近年来，由于实验上制备技术和高温条件的限制，相分离合金的研究较多集中在理论方面，主要通过计算自由能的变化、结构因子以及热动力学参数的弛豫变化，揭示合金成分、结构及冷却速率相互间的关系[20]和采用分子动力学模拟的方法研究相分离型的凝固组织和微观结构特征[21]。Wang C.P.和Shi R.P.等人[22]采用相场计算方法（Phase Field Approach）模拟了Fe/Cu体系的液相分离过程。计算模型中考虑到了液相分离机制有液相分离反应、液滴的粗化和碰撞、液滴在Stokes沉积和Marangoni对流作用下的运动等，还考虑到两个液相体积分数和两个液相的表面能等。

其次，难混溶合金核壳结构微观组织的形成受外场影响[23-25]。难混溶合金液相分离过程中运动液滴形核长大的同时必然会受到周围各种复杂外场（如：温度场、重力场、磁场以及其他力场）的相互作用。其中，难混溶合金在不同温度场和磁场中的相分离试验的研究最受关注。一方面，温度场对合金液相分离的影响十分明显。温度场主要影响合金熔体的冷却速率和合金熔体内的温度梯度，只要存在温度梯度或者浓度梯度，就会产生界面张力梯度从而引起液滴的对流，两相界面张力随温度的变化即界面张力温度系数影响液滴的Marangoni对流运动速率，从而影响合金核壳结构的形成。王翠萍等人[4，22]采用气雾法快冷成功制备核壳结构Fe/Cu合金球形粉末并阐明对流运动速率在结构形成机制中的作用；另一方面，难混溶合金熔体在强磁场作用下的相分离机制十分复杂，主要是强磁场对合金的凝固组织产生影响，从而影响难混溶合金的核壳结构和性能。上海交通大学、中国科学院过程工程研究所、中科院金属所和上海大学等多个科研单位先后开展了强磁场方面的研究，获得不少有意义结果。近期，东北大学研究组[2，26]就详细研究了Fe/Cu和Fe/Sn难混溶合金熔体中的第二相液滴在强磁场作用下的形核、碰撞及对流机制，研究表明，强磁场增加金属熔体黏度，降低自然对流，通过洛伦兹力可抑制颗粒上浮和聚合。总之，难混溶合金球形粉末的制备工艺、凝固组织控制以及外场影响对合金核壳结构调控及相分离研究至关重要。

在众多的难混熔合金中，难混溶合金的相分离可分为两大类：一类是液相混溶凝固过程中相分离，如Ag-Cu和Fe-Cu合金；另一类是液相区不混溶凝固过程中相分离也称液相分离型合金[15]，如Al-Bi-Cu、Al-Bi-Sn及Ag-Ni等。其中，Ag-Ni和Fe-Cu合金是两类相分离机制的代表，也是被工业广泛应用的典型材料。譬如，近年来，Ag-Ni合金材料因低价镍金属的加入可提高材料的电磁屏蔽效能，而且这类材料还具有较高的强度及良好的导电性和导热性，被广泛研究。由于纯银粉材料价格十分昂贵，且受世界政治经济形势的影响较大。采用用低价金属代替贵金属填料是航空、航天或电子工业用导电/电磁屏蔽材料方面发展的重要趋势。此外，作为电接触材料，Ag-Ni合金材料具有较高的强度及良好的导电性和导热性，加工性高，易焊接，直流条件下材料损耗少。同其他系列电接触材料相比，银镍系电接触材料的突出特点是加工方便，无需在银基外附加焊接用银，可以达到大大节约用银量，对于材料降低成本效果明显。但是这种触头材料抗熔焊性能不太好，在实际应用中常与其他的触头材料复合使用。为了进一步提高银镍系触头材料性能，推动其广泛应用，现阶段面临的关键问题是开发出更好的合成工艺，转变粉体材料形貌特征，提高材料熔焊性能和耐损蚀特性等。尽管Ag-Ni合金材料因其优异的复合性能被广泛应用于电子电气工业，但Ag-Ni合金属于液相区不混溶凝固过程中相分离也称液相分离型合金，在材料熔炼制备上面临困难。目前，工业上为主要采用电化学镀工艺，即在镍粉表面上先化学镀铜，而后通过铜与银离子置换反应镀银。该方法工艺复杂，需要多次洗涤、过滤，不利于产品性能的稳定和生产成本的降低。而且电化学镀粉体变形气孔较多，材料整体密度下降，从而导致制成品强度及抗腐蚀性减弱。

本章针对两类难混熔合金体系的球形合金粉末的制备难题，尤其是面对工业上银基和铁基合金的重大应用需求，基于液-固界面不润湿或低润湿性原位还原球化技术，研究了难混溶合金中具有代表性的Ag-Ni和Fe-Cu合金的核壳结构球形粉末制备及相分离机制。

6.2 实验部分

6.2.1 实验路线

采用的技术路线有两种，分别为陶瓷氧化介质分散预合金粉末和分散混合金属氧化物原位还原制备合金。两种路线可结合实验对比研究并结合理论研究分析，后者路线尤其针对高温液相不难混溶凝固相分离合金的研究具有优势，拓展了研究合金体系范围。

6.2.1.1　铜铁核壳结构球形粉末

（1）前驱物的制备。实验室首先通过固态反应制备铜铁氧体（$CuFe_2O_4$）。具体步骤：混合 CuO 和 Fe_2O_3 粉末（Cu：Fe= 1：2），然后将混合物在1173 K下加热 10 h，制备铜铁氧体。

（2）球形Cu@Fe合金的制备。将制备的$CuFe_2O_4$和鳞片石墨粉混合粉末在 H_2/Ar 气氛下在管式炉中1073 K还原加热2 h。然后将还原后的混合物在0.01 MPa 的氩气气氛下加热到 1403 K保持10 min，该温度高于 Cu 的液相温度（1357 K），但低于Fe的液相温度。然后快速冷却得到合金和石墨混合物。将混合物倒入装有无水乙醇的烧杯中，超声波清洗20 min，Fe@Cu 颗粒将聚集在杯底，但石墨片仍然漂浮在溶液中，然后倒出上层含有石墨溶液。该过程重复多次用于收集 Fe@Cu 颗粒。

6.2.1.2　银镍核壳结构球形粉末

（1）前驱物的制备。

实验上采用硝酸银（AR，99.9%）和硝酸镍（AR，99.9%）为银盐和镍盐。镍银合金的摩尔配比（1：1或1：2）通过制备前驱体的硝酸盐化学计量比调控。前驱体的制备具体步骤：按照设计配比称量适量硝酸盐并充分溶解于去离子水中，然后，将预先配置好的一定浓度氢氧化钠溶液快速加入到硝酸盐透明水溶液中，充分混合直至均匀，使溶液pH>9，然后用去离子水真空抽滤多次洗涤，直至溶液PH显示中性，除去多余的氢氧化钠后得到银氧化物和氢氧化镍混合物前驱体。实验中，为实现混合物的均匀及黏接致密，其中关键步骤是将制备好的混合前驱体再经过673 K的温度下热处理1 h，最后将混合物放入玛瑙中研磨得到最终前驱体粉体产物。

（2）球形Ag@Ni合金的制备。

按需要制备的合金质量，将混合前驱体与分散介质氧化铝粉末按照质量比1∶1再次均匀混合置于氧化铝方舟中，最后，在管式炉中按5%氢气和95%氩气通入混合气，热处理还原球化。热处理过程分为两个阶段：还原阶段，即在氢气和氩气的混合气体氛围下从室温以升温速率5 K/min升温至873 K，并保温2 h。然后，是球化热处理阶段，首先关闭氢气源，在只有氩气条件下保持气压 0.01 MPa，继续将温度升高至1673 K，该设定温度高于银Ag的液相温度1235 K，但低于镍Ni的液相温度1728 K。然后，保温10 min后，自然冷却至室温。最后，将收集到的混合粉末超声分离，烘干，保存。另外，为研究银镍相分离及球化过程，作为对比试验，重复上面的试验步骤。只是在球化热处理阶段，相同的条件下进一步将球化温度提高至1753 K，该设定温度高于两种金属的液相温度。

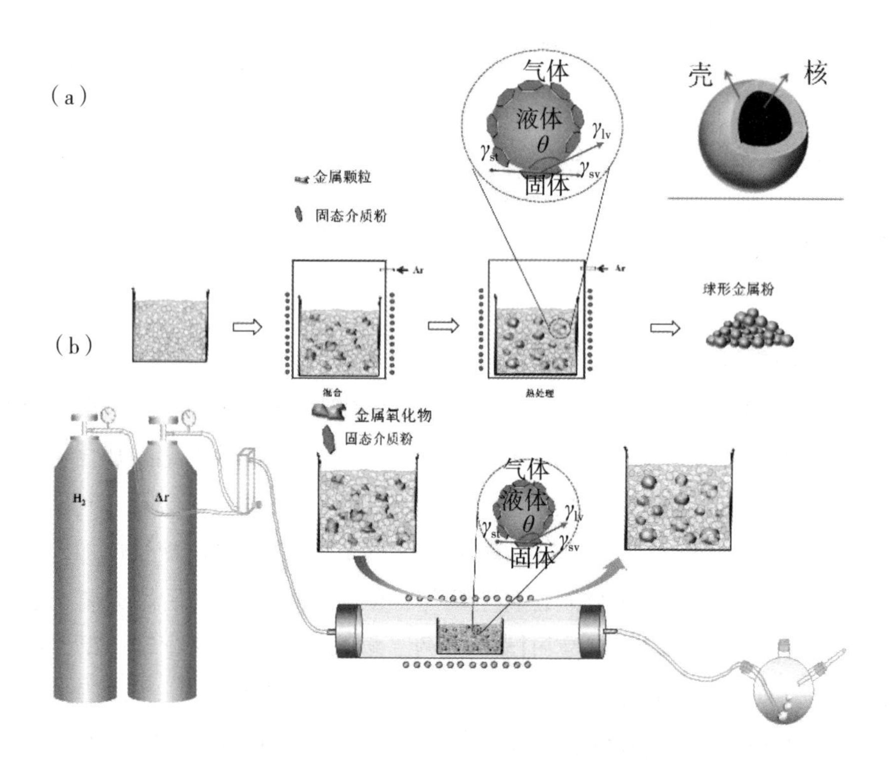

图6.1 路线图

（a）金属粉末直接原位球化，（b）混合金属氧化物原位还原球化

6.2.2　相分离及去润湿行为

6.2.2.1　去润湿行为

理想光滑平面上，液滴处于平衡状态时，界面间相互作用力处于平衡即为著名的杨氏方程。由接触角可以判断：当液体将完全平铺在固体表面，液体与固体完全润湿；当接触角0° ≤q_0≤ 90° 时，该液体与固体部分润湿；当接触角90° ≤q_0≤ 180° 时，该液体与固体不润湿。

第4章和第5章均已经证实，一般而言Cu基金属液滴与固态石墨的界面接触角高于90°，表示Cu金属液滴在固态石墨表面去润湿。石墨的表面能数量级通常在54 ~ 150 mJ/m^2，而液态金属表面能的大小数量级通常在400 ~ 1800 mJ/m^2，要比石墨表面能大一个量级。在金属液态与非金属之间不发生反应的系统中，具有较高表面能的合金液滴接触具有较低表面能的固态介质（如石墨）时，为了降低合金液滴和固态介质的系统自由能，金属液滴将会在表面张力的作用下自发收缩球化。例如，纯铜液滴表面能约1400 mJ/m^2在与固态石墨接触的浸润角[29]在1423 K约为140° 。

然而当采用氧化铝粉末作为固态介质时，具有多孔性的氧化物粉末可视为粗糙表面。因此，具有微观几何粗糙度的固体表面上，微观结构对液滴的润湿性会产生一定的影响。考虑到粗糙结构对液-固界面润湿性的影响，Wenzel 最重要的工作提出了粗糙度的概念。

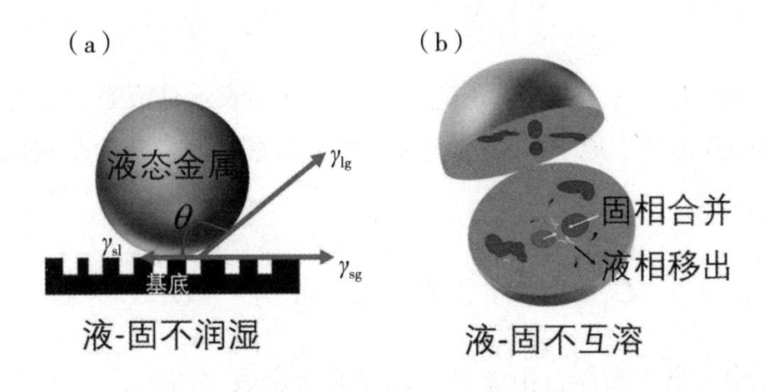

图6.2　难混熔合金的去润湿球化及其相分离机制

目前，液态金属的表面能无论是实验上还是理论中，均已很准确地测量和预测任意温度下的单一金属的表面能数据，并建立了大量的数据库。例如：1273 K时的液态金属银表面能约925 mJ/m^2，1773 K时的液态金属镍表面能约1760 mJ/m^2。但是对于液态合金的表面能尤其是具有相分离的性质的液态合金，几乎查不到其表面能数据。

6.2.2.2 相分离合金的表面张力

目前只是理论上通过巴特尔理论及自凝聚模型，可以理论上预测液态合金的表面能。如果合金液态中表现出相分离或不互熔，而且随着组分的添加或改变，这种合金的热力学性质表现出相反的趋势，在相分离的过程中，两个不互溶液相之间的界面张力起着非常重要的作用。应用比较广泛的计算二元A–B型难溶合金的液–液界面张力：

$$\gamma = \gamma_A + \frac{k_B T}{\alpha}\ln\left(\frac{C_A^s}{C_A}\right) + \frac{1}{\alpha}\left\{\Delta G_A^S(T, C_B^s) - \Delta G_A(T, C_B)\right\} \tag{6-1}$$

$$\gamma = \gamma_B + \frac{k_B T}{\alpha}\ln\left(\frac{C_B^s}{C_B}\right) + \frac{1}{\alpha}\left\{\Delta G_B^S(T, C_B^s) - \Delta G_B(T, C_B)\right\} \tag{6-2}$$

其中

$$\alpha = 1.091\left[C_A N_0^{\frac{1}{3}}\left(\frac{M_A}{\rho_A}\right)^{\frac{2}{3}} + C_B N_0^{\frac{1}{3}}\left(\frac{M_B}{\rho_B}\right)^{\frac{2}{3}}\right] \tag{6-3}$$

α、N_0、M_A（or M_B）、ρ_A（or ρ_B）、C_A（or C_B）分别表示是液态合金有效表面积、阿伏加德罗常数、原子的摩尔质量、原子的密度、合金的摩尔比。对于双元合金有：

$$C_A^s + C_B^s = 1\,,\quad C_A + C_B = 1 \tag{6-4}$$

ΔG_X 是体相中含量吉布斯自由能，ΔG_X^S 则是合金表面的含量吉布斯自由能。体相与表面相的吉布斯自由能经验关系：

$$\Delta G_X^S \approx \frac{3}{4}\Delta G_X \tag{6-5}$$

而总吉布斯自由能ΔG与含量吉布斯自由能关系：

$$\Delta G_X = \Delta G + \left(1 - C_X\right)\frac{\partial \Delta G}{\partial C_X} \tag{6-6}$$

因此，通过上述理论公式可以估算出不同温度下的具有相分离性质的液态合金的表面能。

6.3　核壳结构合金粉末的形貌表征及相分离

6.3.1　摩尔比1∶1 Ag-Ni合金的形貌及相分离

图6.3分别为在1673 K和1753 K条件下Ni-Ag摩尔比为1∶1退火后的合金粉末的SEM和截面图。其球形形貌表明，采用固体氧化铝粉作为分散介质，成功地制备了球形Ag@Ni颗粒，如图6.3（a）-（c）所示。其结果证实了液态镍银非混溶合金与固态氧化铝粉末介质之间存在液固界面去润湿性。图6.3（b）的截面显示，在球化温度1673 K条件下，富镍相与富银相开始发生相分离。由于在该热处理温度下，即高于Ag金属的液相温度（1235 K），但低于Ni金属的液相温度（1728 K），金属银为液相，而金属镍仍然处于固相。因此，可以看到镍颗粒分散在银基体中。如图6.3（b）所示，需要注意的是，尽管温度尚未达到镍金属的液相温度，但是可以看到镍相均是以光滑的类球形颗粒出现。另外，还存在少量的Ni颗粒出现在Ag基体的边缘，该结果证实液相银可以迫使固态颗粒表面球化但是不足以驱动向心运动。作为对比试验，仅是进一步提高热处理球化温度，如图6.3（d）所示的截面图显示

银镍合金形成了致密的镍核和银壳的核壳结构。并且合金内部没有气孔和大块的氧化铝夹杂物，这一结果进一步证实液相银驱动液相镍形成致密的球核，并且与固态氧化铝介质界面发生去润湿现象。

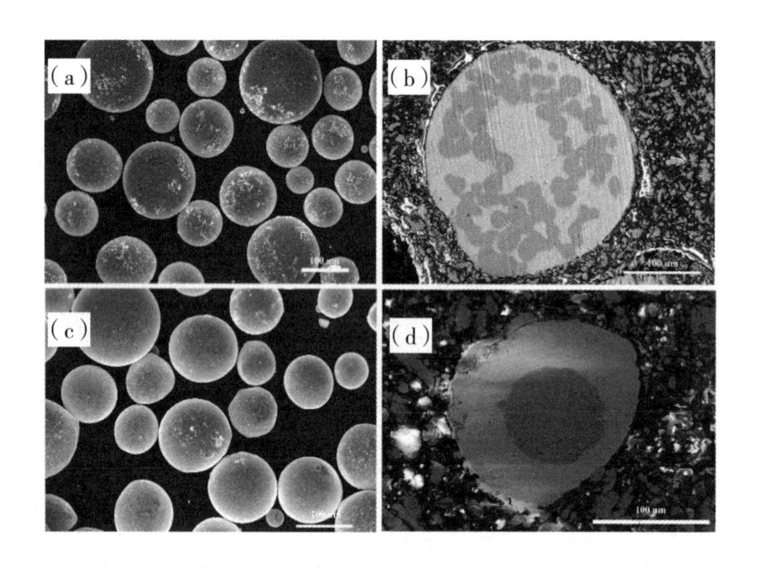

图6.3　Ag-Ni摩尔比为1：1不同球化温度下合金粉末的SEM显微图

（a）1673 K，（b）截面，（c）1753 K，（d）截面

6.3.2　摩尔比为2:1的 Ag-Ni合金形貌及相分离

图6.4分别为1673 K和1753 K Ag-Ni摩尔比为2∶1退火的合金粉末的SEM和截面图。球形形貌表明，在银镍合金中提高银的配比，采用固体氧化铝粉作为分散介质，仍然成功地制备了球形Ag@Ni颗粒。结果证实摩尔比为2∶1的液态镍银非混溶合金与固态氧化铝粉末介质之间存在液固界面去润湿性，这与Ni-Ag比为1∶1时的结果一致。图6.4（b）显示了1673 K制备的富镍相和富银相的相分离。富镍相倾向于熔在一起，远离银相基体边缘，但不能形成

致密的镍核。作为对比试验，仅是进一步提高热处理球化温度，在1753 K条件下，如图6.4（d）所示，银镍合金形成了致密的镍核和银壳的核壳结构。另外，需要注意的是在银镍比为2∶1的情况下，发现少量的金属颗粒仅是银相没有镍核，如图6.4（d）中红色圆圈标记所示。可能的原因是在高摩尔比的银条件下，前驱体混合过程中无法实现银与镍氧化物的均匀混合。

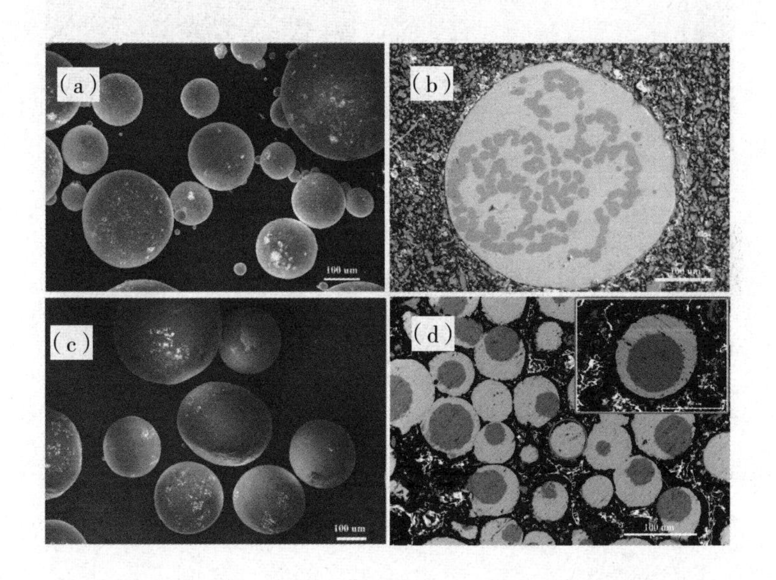

图6.4　摩尔比为2∶1Ag-Ni不同球化温度下合金粉末的SEM显微图

（a）1673 K，（b）截面，（c）1753 K，（d）截面

6.3.3　摩尔比为2∶1的Ag-Ni合金元素分布及相分离机制

图6.5分别为合金摩尔比为2∶1时在1673 K和1753 K退火时的截面分布能谱。图6.5（a）的截面元素分布进一步证实在1673 K热处理条件下，富镍相和富银相发生相分离，但没有形成核壳结构。图6.5（b）显示，在1753 K热

处理条件下，金属银和金属镍均是液相，由于液-液界面的对流及扩散，形成了以富镍核和富银壳的核壳结构。

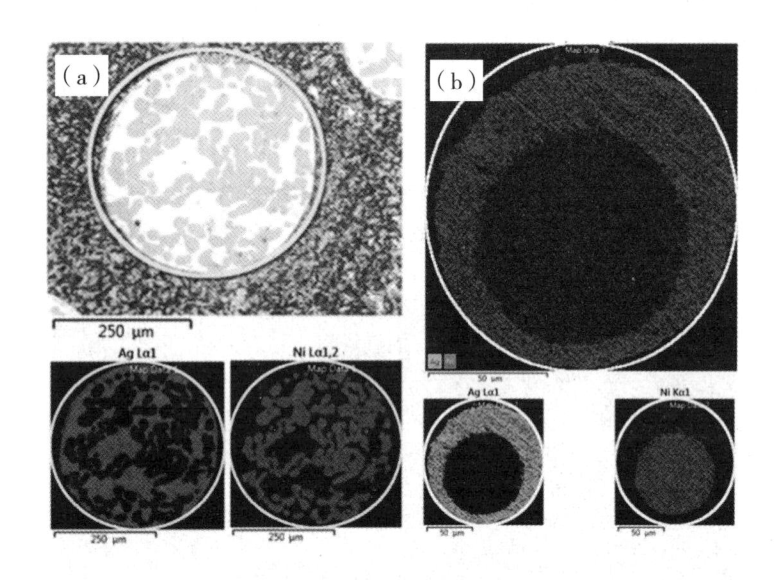

图6.5　不同温度下Ni-Ag合金的截面SEM图像和元素映射

（a）1673 K和（b）1753 K

非混溶态合金核-壳形态的形成与凝固过程中的液-液分离相有关，包括Marangoni和Stokes运动以及表面偏析。液态非混相合金的相分离至少由两个过程控制：流体流动、第二相液滴之间的碰撞和聚合。实验中，被氧化铝粉末包裹的Ni-Ag颗粒被加热至1673 K，高于Ag液相的1235 K时，固相Ag熔化为液相。这导致了液态Ag的快速对流，但Ni仍然保持固相。导致液固分离，如图6.6（a）所示。由于液态Ag的低表面能以及Ag和Ni的不混溶性，液态Ag倾向于向外层移动，导致Ni粒子被液态Ag包围。反过来，在液体Ag施加的压力作用下，Ni粒子自发地聚集并融合在一起。因此，固体Ni颗粒在Ag基体中呈现出光滑的晶粒，但不足以形成致密的核心，如图6.3（b）和图6.4（b）所示。这一结果与我们之前报道的铁铜非混溶合金不同，铁铜非混溶合金在铁金属熔点下就能形成致密的核。一个可能的原因是，由于液态Ag（~925 mJ/m^2）的表面能比液态Cu（~1400 mJ/m^2）[26]的表面能低，液态Ag

施加的压力不足以驱动固态Ni粒子形成致密的核。

同时，Ni-Ag合金被加热到较高温度1753 K，该温度高于 Ag液温度1235 K和Ni液相的温度1728 K，两种金属相液体的马朗戈尼和斯托克斯运动将导致非固溶合金的液-液相分离，如图6.6（b）和图6.6（c）所示。最终，形成了富银壳和富镍核的核壳结构。

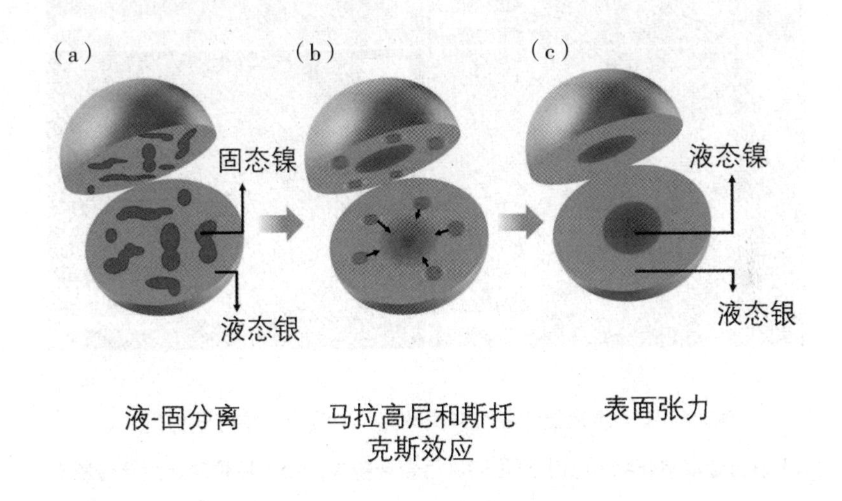

图6.6 银镍合金不同温度下的相分离机制

6.3.4 难混熔Cu-Fe合金核壳结构的形貌及相分离

图6.7（a）-（c）SEM 图显示，粉末样品在不同温度处理下的形貌。通过固相反应制备的$CuFe_2O_4$ 前驱体显示出明显的锐利边缘和角。在 H_2/Ar 还原气氛中$CuFe_2O_4$还原形成 Cu/Fe 混合物的前体，所得颗粒获得了相对光滑的表面，但保持了不规则形状。进一步升高温度，Fe@Cu 颗粒获得了非常好的球形光滑表面。由球形颗粒横截面照片证实 Fe-Cu 合金形成了Fe核和Cu壳的核壳结构。

图6.7 混合金属氧化原位还原球化Cu-Fe合金核壳结构粉末

（a）混合金属氧化物，（b）原位还原后合金粉末，（c）原位球化后合金粉末，（d）核壳结构金相图

由于相分离的加速动力学以及金属的不透明性，难混溶合金中核壳的形成机制仍然不清楚。到目前为止，难混溶合金的核壳形成主要发生在凝固过程中的液-液相分离阶段，包括 Marangoni 和斯托克斯运动和表面偏析，正如前面Ag-Ni合金的核壳结构形成过程。然而，上述核壳形成机制，在解释CuFe难混溶合金的相分离时，发生困难。出现这种情况的原因是与目前采用制备的核壳形貌的方法有关。换言之，当 Fe/Cu 合金在石墨粉表面被加热到1403 K（高于Cu液相的1357 K，但低于Fe的液相温度），固体Cu 熔化成液态。由于Cu/石墨的去润湿性引起了Cu的快速扩散，但 Fe仍然保持固体形式，最终由于液态Cu形成的毛细驱动力，实现了固态Fe颗粒的集聚及致密核的形成。

6.4　合金物相分析与磁性能

6.4.1　球形Ag-Ni核壳合金粉末制备过程中的物相分析

图6-8为前驱体和合金粉末的X射线衍射（XRD）图谱。图6.8（a）为共沉淀反应后的氢氧化镍和氧化银混合物。氧化银的出现主要是因为氢氧化银在室温[23]下非常不稳定。另一方面，图6.8（b）中混合物前驱体在673 K加热1 h后的XRD谱图显示出典型的Ag和NiO峰，表明经过热处理后的产物是Ag/NiO混合物，而不是Ag_2O/NiO。这是因为氧化银在523 K（分解温度）以上进一步分解为金属银。还原高温熔融过程后Ag@Ni合金粉末在图6.8（c）中没有氧化物，后续的截面扫描电镜和元素分布证实了这一点。

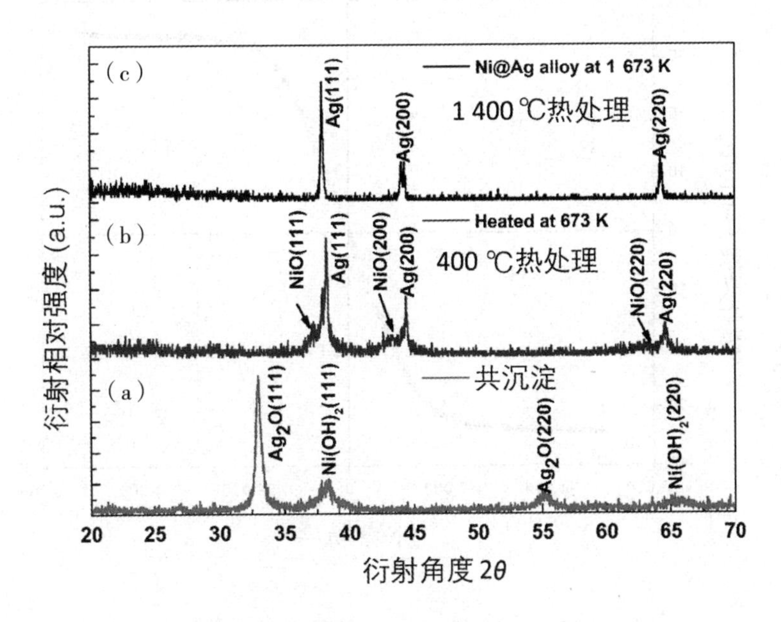

图6.8　XRD图谱

（a）析出相前驱体，（b）在673 K下加热前驱体，（c）还原后在1673 K下制备Ag@Ni合金粉末

6.4.2 摩尔比为1：1的Ag-Ni合金粉末的磁性能表征

图6.9为Ni-Ag摩尔比1∶1合金的室温磁滞回线。其结果反映了镍银比为1∶1的球形粉末的磁化性能。从图可见，银镍球形合金粉末保持较好的软磁性能。在2000 Oe外场下实现饱和磁化，银镍合金样品的饱和磁化强度为32 emu/g。由于金属银为抗磁性金属，通过单位质量饱和磁矩，我们结合样品的摩尔比可以估算样品中铁磁性金属Ni的饱和磁化强度为90 emu/g。根据金属能带理论，金属镍原子的磁矩为0.6 m_B，由此可计算出，纯金属镍的理论饱和磁化强度为57.02 emu/g。试验测量估算的金属镍饱和磁化强度远大于理论值，其中主要的原因是Ni-Ag摩尔比1∶1合金样品，在球化相分离过程中，出现部分纯银相，而在清洗过程中非磁性的银被剔除，导致测量估算值偏大。

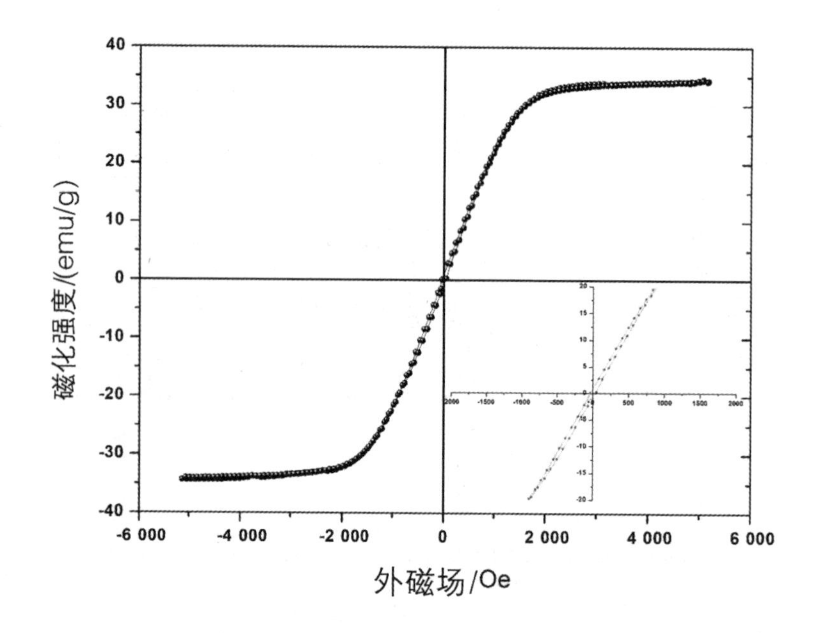

图6.9 镍银比为1：1合金室温磁滞回线

6.4.3　球形Fe–Cu核壳合金粉末制备过程中的物相分析

如图6.10所示，是球形Fe–Cu核壳合金粉末制备过程中样品的 X 射线衍射（XRD）图。图6.10（a）证实通过简单的固态反应成功制备铜铁氧体（$CuFe_2O_4$）。另一方面，$CuFe_2O_4$ 粉末还原的混合物表现出典型的峰 Fe 和 Cu 峰，表明经过还原处理制成的产物是由Fe/Cu 构成的混合物，而不是 Fe/Cu 合金。经过高温热处理球化过程后，XRD 图中没有出现金属的氧化物，如图6.10（c）所示。

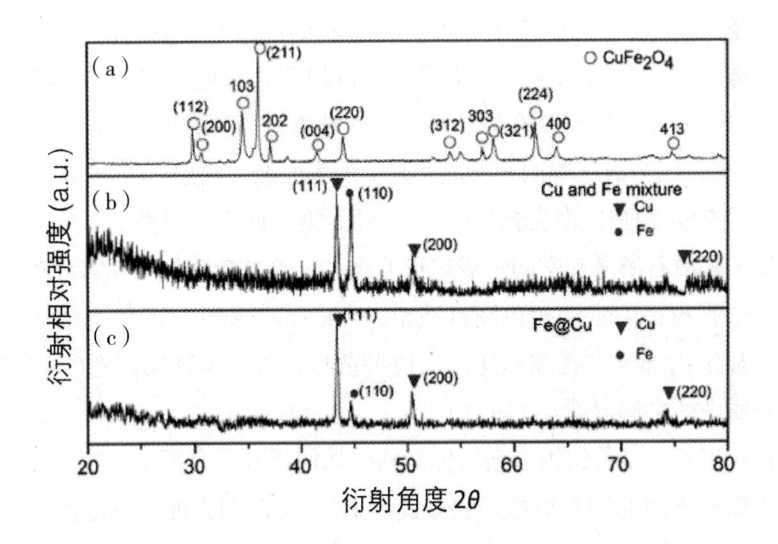

图6.10　XRD图谱

（a）$CuFe_2O_4$铁氧体粉末，（b）还原后的Fe/Cu混合物，（c）球形 Cu@Fe合金粉末

6.5 小　结

本章针对两大类难混溶合金相分离特点，即一类是液相混溶凝固过程中相分离，如Fe-Cu合金；另一类是液相区不混溶凝固过程中相分离也称液相分离型合金，如Ag-Ni合金等。基于液固界面去润湿效应球化合金颗粒的工艺路线，我们分别研究了Fe-Cu合金和Ag-Ni合金在不同的固态分散介质、不同热处理温度的球化及相分离机制。

针对典型的液相混溶凝固过程中Fe-Cu相分离合金，我们首先采用固相反应制备的$CuFe_2O_4$前驱体原位还原球化的策略，研究其相分离机制。尤其铜铁氧体属于尖晶石结构，可实现Cu：Fe原子摩尔比1：2的均匀混合，通过氢气原位还原，研究其在原子结构上的分离行为。在Fe-Cu合金中，与固体Fe相比，因为液态铜的相分离和较低的表面能，液态Cu将移动到颗粒表面，而固态Fe相则集中在颗粒中心。在固-液界面去润湿性的影响下，液态金属位于松散石墨薄片空间形成球形液滴。实验显微照片和元素分布结果证实了球形颗粒是由富铜相包围富铁相，形成Cu壳和Fe核的核壳结构。颗粒截面图显示内部没有孔隙和任何大块夹杂物，进一步证实液态Cu相在固态石墨介质中的去润湿性。

针对工业上制备银镍合金粉体面临的如何控制合金配比、避免表面气孔和低密度等方面的诸多困难。我们设计了基于液-固界面去润湿性，通过还原共沉淀前驱体制备银镍致密核壳结构球形合金颗粒。实验上我们采取氧化铝陶瓷粉末作为固态溶剂分散预先均匀混合银镍前驱体，原位还原并球化银镍合金颗粒。经过结构、形貌和磁性能表征结果表明，共沉淀反应后的前驱体中时氢氧化镍和氧化银混合物。氧化银的出现主要是因为氢氧化银在室温下非常不稳定。前驱体经过673 K热处理后的产物是Ag/NiO混合物，而不是Ag_2O/NiO。经过还原并高温热处理后的形貌证实采用固体氧化铝粉作为分散介质，可成功地制备球形Ag@Ni颗粒。同时其结果也进一步证实液态镍银非混溶合金与固态氧化铝粉末介质之间存在液固界面去润湿性。对比研究了不同摩尔比的银镍合金在不同热处理温度下的相分离机制，结果显示，在高于金属银和金属镍的液相温度下，两种金属相液体的马朗戈尼和斯托克斯运动导致了非固溶合金的液-液相分离，球形颗粒横截面的SEM显示制备的颗粒完全致密，无块状夹杂物，元素EDS面分布显示银镍合金形成了富银相壳和富镍核的核壳结构合金。

参考文献

[1] 何杰，赵九洲，李海权.Cu基亚稳难混溶合金液-液相变[J]. 北京科技大学报，2008，30（12）: 1348-1352.

[2] 左小伟. 强磁场作用下Fe-Sn和Cu-Fe合金凝固组织及性能的研究[D]. 沈阳：东北大学，2009.

[3] 刘宁. 快速凝固Cu基液相不混溶合金的研究现状[J]. 材料导报：纳米与新材料专辑，2011（1）: 513-516.

[4] Wang，P C.，Liu，J X.，Ohnuma，I.，et al. Formation of immiscible alloy powders with egg-type microstructure[J]. Science，2002，297（5583）: 990-3.

[5] Bingqian Ma，Jianqiang Li，Zhijian，Peng，et al. Structural morphologies of Cu - Sn - Bi immiscible alloys with varied compositions[J]. Journal of Alloys and Compounds，2012，535：95-101.

[6] XR Zhang，ZF Yuan，HX Zhao，et al. Wetting behavior and interfacial characteristic of Sn-Ag-Cu solder alloy on Cu substrate[J]. Chinese Science Bulletin，2010，55（9）：797-801.

[7] R. Dai，S.G. Zhang，Y.B. Li，et al. Phase separation and formation of core-type microstructure of Al - 65.5mass% Bi immiscible alloys[J]. Journal of Alloys and Compounds，2011，509（5）: 2289-2293.

[8] Joseph T. McKeown，Yueying Wu，Jason D. Fowlkes，et al. Simultaneous

in-situ synthesis and characterization of Co@Cu core-shell nanoparticle arrays[J]. Adv Mater，2015，27（6）：1060-5.

[9] 李婷婷. 单分散Bi-Ga相变微胶囊制备及热循环稳定性[D]. 大连：大连理工大学，2015.

[10] F Qiu，Y Dai，L Li，et al. Synthesis of Cu@FeCo core - shell nanoparticles for the catalytic hydrolysis of ammonia borane[J]. International Journal of Hydrogen Energy，2014，39（1）: 436-441.

[11] R Dai，JF Zhang，SG Zhang，et al. Liquid immiscibility and core-shell morphology formation in ternary Al - Bi - Sn alloys[J].Materials Characterization，2013，81: 49-55.

[12] Zhang Y K，Gao J，D Nagamatsu，et al. Reduced droplet coarsening in electromagnetically levitated and phase-separated Cu - Co alloys by imposition of a static magnetic field[J].Scripta Materialia，2008，59（9）: 1002-1005.

[13] W Yang，S.H. Chen，H Yu，et al. Effects of liquid separation on the microstructure formation and hardness behavior of undercooled Cu-Co alloy[J]. Applied Physics a-Materials Science & Processing，2012，109（3）：665-671.

[14] Dai，R.，S.G. Zhang，J.G. Li.One-Step Fabrication of Al/Sn-Bi Core - Shell Spheres via Phase Separation. Journal of Electronic Materials，2011，40（12）：2458-2464.

[15] Kaban，I.G. and W. Hoyer. Characteristics of liquid-liquid immiscibility in Al-Bi-Cu，Al-Bi-Si，and Al-Bi-Sn monotectic alloys: Differential scanning calorimetry，interfacial tension，and density difference measurements[J]. Physical Review B，2008，77（12）：125426.

[16] 贾均，赵九洲，郭景杰，等.难混溶合金及其制备技术[M]. 哈尔滨：哈尔滨工业大学出版社，2002.

[17] He，J.，J.Z. Zhao，L. Ratke. Solidification microstructure and dynamics of metastable phase transformation in undercooled liquid Cu - Fe alloys[J]. Acta Materialia，2006，54（7）: 1749-1757.

[18] J Li，B Ma，S Min，et al. Effect of Ce addition on macroscopic core-shell structure of Cu-Sn-Bi immiscible alloy[J]. Materials Letters，2010，64（7）：

814–816.

[19] CD Cao, Z Sun, XJ Bai, et al. Metastable phase diagrams of Cu–based alloy systems with a miscibility gap in undercooled state[J]. Journal of Materials Science, 2011, 46 (19): 6203–6212.

[20] Egry, I., J. Brillo, T. Matsushita.Thermophysical properties of liquid Cu - Fe - Ni alloys[J]. Materials Science and Engineering: A, 2005, 413: 460–464.

[21] Subbaraman, R. and S.K.R.S. Sankaranarayanan. Effect of Ag addition on the thermal characteristics and structural evolution of Ag–Cu–Ni ternary alloy nanoclusters: Atomistic simulation study. Physical Review B, 2011, 84 (7): 88.

[22] RP Shi, Y Wang, CP Wang, et al. Self–organization of core–shell and core–shell–corona structures in small liquid droplets[J]. Applied Physics Letters, 2011, 98 (20): 204106.

[23] Wang, J., Zhong, Y. B., Fautrelle, Y., et al. Influence of the static high magnetic field on the liquid–liquid phase separation during solidifying the hyper–monotectic alloys[J]. Applied Physics a–Materials Science & Processing, 2013, 112 (4): 1027–1031.

[24] 马炳倩. Cu基难混溶合金核壳结构的形成机理[D]. 北京：中国地质大学，2014.

[25] Ozawa, S. and T. Motegi.Solidification of hyper–monotectic Al–Pb alloy under microgravity using a 1000–in drop shaft. Materials Letters, 2004, 58 (20): 2548–2552.

[26] Jing Z , Wang T , Fei C, et al. Real–Time Observation on Evolution of Droplets Morphology Affected by Electric Current Pulse in Al–Bi Immiscible Alloy[J]. Journal of Materials Engineering and Performance, 2013, 22 (5): 1319–1323.

第7章　基于液-固界面去润湿球化制备技术及应用

7.1　球形合金粉末球化技术及产业化应用

7.1.1　铜基合金应用及技术

青铜合金粉末因具备耐磨耐蚀性、低温韧性、良好导电导热，主要用于制造金属过滤器、多孔元件、高速电气化轨道接触材料、耐磨材料、自润滑轴承，广泛应用于航空发动机、电子电力、表面修饰、交通、机械工程、国防军工等行业。

随着粉末冶金工业技术的发展，青铜合金粉末的质量要求越来越高，一方面，青铜系粉末冶金材料和表面喷涂、润滑材料，要求青铜合金粉末的球形度高、粒径分布均一、表面光洁、流动性好；另一方面，根据服役条件及应用领域需要，如海水环境下的船舶部件，蒸汽涡轮用轴承等，要求增强材料的耐磨抗腐蚀性，提高强度和硬度，青铜合金中往往需添加多元强化元素，如Al、Zn、Ni、Mn、Co、Fe、Cr等。目前，工业用青铜合金粉主要采用雾化法，然而不同元素固溶、偏析等性质不同以及多元强化合金力学性能差异，制造出的球形合金粉末易收缩破缺、颗粒较大、粒径分布不均，多为类球形甚至不规则。

黄铜合金粉末俗称铜金粉，又称金粉。主要用于制造柔性印刷品颜料（高级画报、高档包装、香烟外壳、证券印刷），金属过滤器，多孔元件，导管，自润滑轴承轴瓦，汽车船舶耐腐蚀零件以及摩擦材料，广泛应用于表面装潢修饰、印刷、医疗器械、机械工程、粉末冶金等行业。目前，不规则黄铜合金粉的研究和制造较为成熟，尤其是应用于金属颜料的鳞片状黄铜合金粉末。高质量高品相的球形黄铜合金粉末鲜有报道。

7.1.2 焊接钎料用球形合金粉末应用及技术

球形焊料制造技术已相当成熟，广泛应用于球栅阵列表面贴装（BGA）、激光熔覆、热喷涂、堆焊焊接等领域。液滴喷射凝固成球的方法主要有气体雾化法和离心雾化法。球形自熔性合金钎料，根据主要成分分为铁基合金、镍基合金、铜基合金和钴基合金，其中，均含有C、Si、B、Cr等元素，因而具有脱氧、还原、造渣、除气以及良好的金属表面抗氧化、耐腐蚀和润湿性，由于焊接构件的特殊性，要求自熔性合金钎焊球形度高，流动性好，充分覆盖间隙，控制焊接厚度，然而不同元素固溶、偏析等性质不同，雾化制造出的球形合金粉末易收缩破缺、颗粒较大、粒径分布不均，含氧量较高，严重影响了热喷涂和堆焊填料的使用效果。

7.1.3 磁性单晶合金应用及技术

单晶材料难以加工的特性和高频下大的涡流效应限制了稀土超磁致伸缩材料的应用领域。近期报道，MnCoSi 织构型合金具有大的磁致伸缩效应，做成具有<111> 织构后在室温2.4 T 磁场下有大于5000×10^{-6}的超磁致伸缩效应，虽然需要的饱和磁场比较大，但有希望通过掺杂降低饱和磁场大小。由于不含昂贵的稀土金属，有重要的潜在应用。相比块体超磁致伸缩材料，超磁致伸缩复合材料具有以下优异特性：涡流损耗小，可提高材料的使用频率；加工性好，可随意加工成任意形状；超磁致伸缩合金含量降低及工艺简化，生产成本较低；尤其是其磁致伸缩量可望与块体超磁致伸缩材料相抗衡。因此，超磁致伸缩复合材料是有发展潜力的一类超磁致伸。铁磁单晶颗粒与树脂基粉末混合后在磁场下成型，磁性单晶颗粒可获得高的取向度，复合材料会表现出与单晶材料类似的磁各向异性，在形状记忆合金、高性能软磁、磁致伸缩、磁致应变等功能材料领域都有重要应用。但要制备大尺寸单晶材料常常会受到材料种类和制备工艺的限制。

以Ni-Mn-Ga为代表的磁控形状记忆合金，既能温控又能磁控，能够实现热能、磁能和机械能三者之间的转换，是一种有前景的智能材料，成为了近年来材料科学研究中的一个热点。在Ni-Mn-Ga 多晶体中，大量晶界的存在对孪晶界有钉扎作用，而磁致应变是通过孪晶界位移引发的马氏体再取向实现的，多晶Ni-Mn-Ga 材料的磁致应变小于0.01%，并且多晶体中晶粒杂乱取向，也不利于实现大的磁致应变。从技术上考虑，要在多晶中实现大的磁致应变必须减小晶界的影响。织构化的Ni-Mn-Ga 多晶材料通过磁训练磁致应变能达到1%，其技术思路是：退火织构化合金可以使材料的晶粒粗大并且晶粒取向高度一致，使多晶体接近于单晶体而实现大的磁致应变。一般来说，金属单晶材料制备工艺复杂，生产成本高，难以制备大尺寸成分和性能均一的单晶材料。作为一种替代方法，可以制备金属单晶粉末，将金属单晶粉末与其他材料，比如树脂基粉末，制成复合材料，可以表现出大块单晶材料类似的物性。

目前，制备磁性合金粉末的方法基本采用熔炼加机械破碎工艺，对于脆性大的磁性金属间化合物在机械破碎时容易沿晶间断裂，但仍有部分颗粒会沿晶内断裂，要在粉末中获得高比例的单晶颗粒比较困难。另外，机械破碎后的粉末，颗粒形貌大多为片状，带有尖锐棱角，在与其他材料混合制备复合材料时难以获得高的密度。如果是铁磁金属单晶颗粒，外加磁场取向时，片状颗粒受周围粉末和分散剂的阻碍作用比较大，不像球形颗粒粉末，容易实现外加磁场时颗粒的转动取向，难以获得高的取向度。

7.2 基于液-固界面效应的球化制备案例及专利技术

7.2.1 铜金属及其合金制备技术及专利

工业上，关于铜金属及铜基合金的球化制备已形成成熟的技术专利保护。如热喷涂用的低含氧量高收得率球形铝青铜合金粉末及制备，采用雾化法制备的粉末虽然含氧量有所降低，但粉末球形度依然较差，无法保证流动性，而且制造工艺复杂，成本较高。另外，通过提高水雾化制备金属粉末球形度，虽然球形度有所提高但含氧量较高。在亚微米级锡铜合金粉末生产中，通常采用蒸镀原理制备的球形合金粉球形度高，粒径分布窄，但该方法设备要求较高，而且采用气流冷却收集，消耗气体量大，含颗粒气体排放存在问题。

我们基于液-固界面去润湿性及氧化物还原原位球化制备球形铜基合金的策略，提出了多元强化元素添加的青铜、无成分偏析的黄铜合金球形粉末及采用金属氧化物还原后原位合金化热处理制备超细铜球形粉末。

7.2.1.1　案例：球形青铜合金粉末的制造方法，授权公告号：CN 104493184 B

氧化物还原原位球化制备青铜合金球形粉末具体步骤：

（1）采用金属氧化物制造青铜球形合金粉末。按所需青铜合金组分的质量百分比（Cu：Sn=90：10 wt%）称量氧化铜和氧化锡粉末并均匀混合。

（2）取1 g氧化铜和氧化锡的混合粉与尺寸为40 nm左右的纳米石墨粉，按质量比1：1配比，机械搅拌，再次均匀混合。

（3）将上述金属氧化物/纳米石墨粉的混合粉装入氧化铝坩埚中，坩埚放进退火炉加热区，抽真空到10^{-3} Pa，通入氢气0.02 MPa，加热到450 ℃进行还原，同时实现预扩散合金化，保温60 min后，抽真空到10 Pa，将退火炉加热区加热到1050 ℃，保温10 min后，将得到的铜锡合金/纳米石墨粉的坩埚拉出加热区冷却。

（4）用水浸泡合金/石墨混合粉，通过超声清洗得到铜锡合金微米球形粉末。

含油轴承青铜合金球形粉末制备具体步骤：

（1）含油轴承663青铜球形合金粉的制备，采用商用平均尺寸为20 μm左右无规则的663青铜合金粉末作为原料，化学成分:Sn 5.5%～6.5%，Zn 5.5%～6.5%，Pb 2.5%～3.5%，余量为Cu以及不可避免杂质。

（2）取1 g 663青铜合金粉与尺寸小于1 μm左右的石墨烯粉，按重量比为5：1配比，机械搅拌后，均匀混合。

（3）将混合好的青铜合金/石墨烯混合粉放入氧化铝坩埚中，坩埚放进退火炉的非加热区，抽真空到6×10^{-3} Pa，将退火炉加热区加热到1000 ℃，推入装有青铜合金/石墨烯粉的坩埚到1000 ℃的加热区，保温6 min后，将装有铜锡合金/石墨烯粉的坩埚拉出加热区冷却。

（4）用水浸泡青铜合金/石墨烯混合粉，通过超声清洗得到青铜合金微米球形粉末。

7.2.1.2　案例：无成分偏析的高球形度黄铜合金粉末，授权公告号: CN 104475745 B

具体步骤：

（1）将混合好的黄铜（Cu60Zn40，质量百分比）合金/纳米石墨混合粉放入氧化铝坩埚中，坩埚放进退火炉的非加热区，抽真空到10^{-3} Pa，通入氩气至压强0.22 MPa。

（2）推入装有黄铜合金/纳米石墨粉的坩埚到950 ℃的加热区，保温5 min后，将装有黄铜合金/石墨烯粉的坩埚拉出加热区风冷迅速冷却。

（3）用水浸泡黄铜合金/石墨烯混合粉，通过超声清洗得到黄铜合金微米球形粉末。

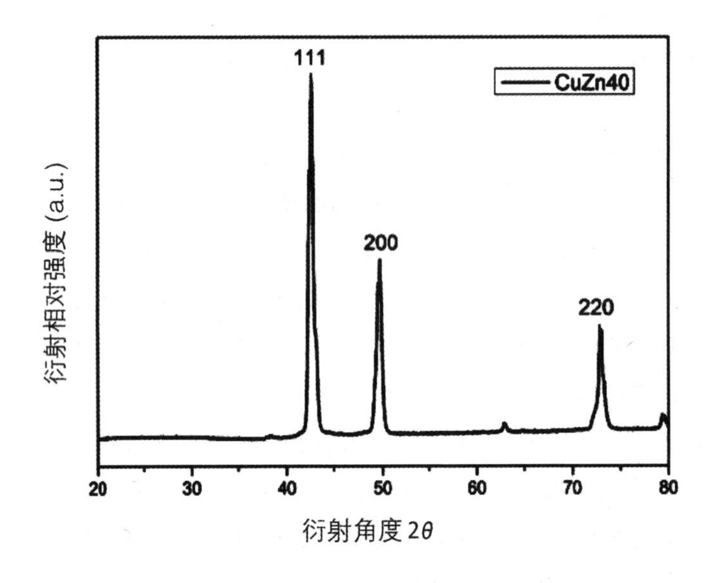

图7.1　为得到的黄铜合金Cu60Zn40球形粉末X射线衍射。

如图7.1所示，确认能够得到黄铜合金球形粉末为α 和β 共存相，与铜锌合金平衡相图一致，宏观偏析，表明Zn成分无烧损。

7.2.1.3　案例：一种超细低氧含量铜球形粉末的制造方法，授权公告号：CN 104874806 B

策略是利用超细原粉或氧化物，通过在还原气氛（氢气、氨气或一氧化碳等）中制备超细低氧含量的球形铜粉。

具体实验步骤：

（1）市购3～10 μm的超细电解铜粉作为原料。

（2）取1 g铜粉与石墨粉或石墨烯粉，按重量比为5∶1配比，机械搅拌方法均匀混合。

（3）将混合好的铜/石墨烯混合粉末放入氧化铝坩埚中，坩埚放进退火炉的非加热区，抽真空到10^{-3} Pa，然后通入0 .02 MPa的氢气，加热到750 ℃，保温30 min。

（4）随后将退火炉加热区快速加热到1150 ℃，保温5 min后，将装有铜/石墨烯混合粉末的坩埚拉出加热区冷却。

（5）用水浸泡铜/石墨烯混合粉，通过超声清洗得到铜微米球。经过处理后得到的超细铜粉氧含量为83 ppm。

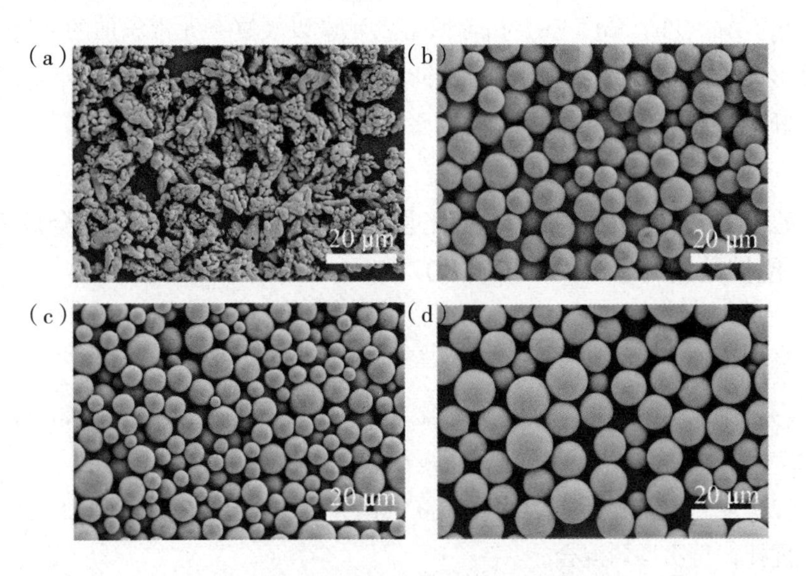

图7.2　超细金属铜粉扫描电子显微图片

（a）电解铜粉，（b）1 μm 石墨介质中球化，（c）400 nm 石墨中球化，（d）石墨烯中球化

7.2.2 钎料合金粉末球形化制备技术及专利

工业应用上，制备钎料合金球形粉末工艺技术，主要采用雾化法。专利CN100484669C公布了一种微小钎料合金焊球的制作装置，采用气体压力喷射，液态金属在惰性气体中球化，该专利主要在装置上进行了改进；机械剪切成球的切丝或打孔重熔法，主要适用于塑性较好的低熔点钎料金属；均匀液滴喷射法和脉冲小孔喷射法，如专利CN1220571C公布了一种微球焊料的制备方法及所用微喷装置，采用精密喷射技术制造出适用于BGA的焊料，对设备的要求较高，球形颗粒尺寸大于100 μm，专利CN1253279C公布了单分散球形金属粒子及其生产方法，该方法采用孔膜使液态金属分散在液相中制得球形金属粒子，受限于制备的熔点为250 ℃或更低的金属，而且主要为锡钎焊。然而，针对熔点相对较高的自熔性合金球形粉末的制造，目前，主要还是采用雾化技术，如专利CN1109123C公布了一种镍基自熔性合金粉末，采用气喷水冷雾化工艺制造喷涂粉末。

我们基于液–固界面的去润湿性，设计固态介质路线，制备适用含有Sn、In、Ag、Pb、Cd、Zn、Bi等低熔点元素以及复杂元素添加的低熔点钎料球形粉末的制造方法，比如锡基钎料、铟基钎料、银基钎料、铅基钎料、镉基钎料、锌基钎料和铋基钎料。

7.2.2.1案例：采用金属氧化物制造低熔点钎料银基合金球形粉末，授权公告号: CN 104668807 B

具体步骤：

（1）根据低熔点钎料银基合金组分的质量百分比（Ag∶Cu∶Sn＝68∶27∶5 wt%）称量乙酸银、氧化铜和氧化锡粉末并均匀混合。

（2）取1 g该混合粉与尺寸为400 nm左右的石墨粉，按质量比1∶1配比，机械搅拌，再次均匀混合。

（3）将上述金属氧化物与400 nm石墨粉的混合粉装入氧化铝坩埚中，坩埚放进退火炉加热区，抽真空到6×10^{-3} Pa，通入氢气0.02 MPa，加热到450 ℃

进行还原，保温60 min后，抽真空到10 Pa，将退火炉加热区加热到780 ℃，保温10 min后，将得到的银铜锡合金/400 nm石墨粉的坩埚拉出加热区冷却。

（4）用水浸泡合金/400nm石墨混合粉，通过超声清洗得到银铜锡合金微米球形粉末。

基于液–固界面的去润湿性，设计固态介质路线，制备适用含有Fe、Co、Ni、Cu等高熔点元素以及复杂元素添加的自熔性合金球形钎料粉末的制造方法，尤其是铁基自熔性合金、镍基自熔性合金、铜基自熔性合金或钻基自熔性合金。

7.2.2.2案例：自熔性合金球形钎料的制备，授权公告号：CN104607823 B

具体步骤：

（1）通过熔炼方法获得镍基合金，质量百分比C：0.7–l，Si：2–5，B：1–4，Cr：10–16，Fe：10–15、余量：Ni，机械破碎合金得到平均尺寸为25 μm的粉末作为原料。

（2）取1 g镍基自熔性合金粉与石墨粉，按重量比为1∶1配比，机械搅拌后，均匀混合。

（3）将混合好的镍基自熔性合金/石墨混合粉放入氧化铝坩锅中，坩埚放进退火炉的非加热区，抽真空到10^{-3} Pa，将退火炉加热区加热到1030 ℃，推入装有镍基自熔性合金/石墨粉的坩埚到1030 ℃的加热区，保温2 min后，将装有镍基自熔性合金/石墨的坩埚拉出加热区冷却。

（4）用水浸泡镍基自熔性合金/石墨混合粉，通过超声清洗得到镍基自熔性合金微米球形粉末。

7.2.3　磁致伸缩合金球形化制备技术及专利

目前，磁性单晶颗粒的制备方法有助溶剂法，它是在高温下从熔融盐熔剂中生长晶体的一种方法，每一种材料生长单晶需要找到适合的助熔剂。助溶剂法可以生长金属化合物单晶颗粒，但很难生长单质金属和合金的单晶颗粒。另外，常用的制备金属单晶颗粒的方法有机械破碎法，主要有两种方式：第一种是铸锭或速凝成晶片机械破碎：将铸锭或速凝成晶片在高温退火，使晶粒长大，通过机械破碎的方法获得单晶颗粒，颗粒为不规则片状形貌；第二种是熔液抽拔+机械破碎：将熔融的铁磁金属熔体通过拔丝的方法制备铁磁金属纤维，高温退火让晶粒长大后将它们破碎成节状的单晶颗粒。目前用这两种方式制备单晶颗粒仍存在不足，主要表现在金属种类受限、粉末中单晶颗粒所占比例不够高和颗粒的形貌不规则。铸锭或速凝成晶片机械破碎和熔液抽拔机械破碎都会使用机械破碎获得粉末，所以金属材料的种类受到限制，需要脆性大的材料，比如金属化合物，而合金固溶体就不适合这种方法。

我们基于液–固界面的去润湿性，设计固态介质路线，制备CoMnSi单晶合金球形粉末及Ni_2MnGa单晶合金球形粉末。研究策略是通过将金属颗粒与惰性的固体分散剂混合，让金属颗粒被惰性固体分散剂隔开，在低于金属熔点以下某一温度退火，通过金属与固体分散剂不反应、不扩散的特性，利用高温下金属晶粒强的生长能力制备金属单晶颗粒。

7.2.3.1案例：CoMnSi单晶合金球形粉末制备，授权公告号CN 108691007 B

具体步骤：

（1）通过熔炼方法制得CoMnSi金属间化合物，机械破碎得到平均尺寸为10～50 μm的粉末作为原料。

（2）取2 g CoMnSi金属间化合物粉与尺寸为1左右的氧化镁粉按重量比为1∶3配比，机械搅拌后均匀混合。

（3）混合好的CoMnSi金属间化合物/氧化镁粉放进石英管中，将石英管抽真空到10^{-3} Pa，通氢气到0.06 MPa后封管，将装有用氢气保护的混合好的CoMnSi金属间化合物/氧化镁粉末的石英管放进加热到950 ℃的退火炉中，保温2 h后，按10 ℃/min的冷却速度降温至室温。

（4）用酒精浸泡CoMnSi金属间化合物/氧化镁混合粉末，通过超声清洗得到CoMnSi金属间化合物颗粒。

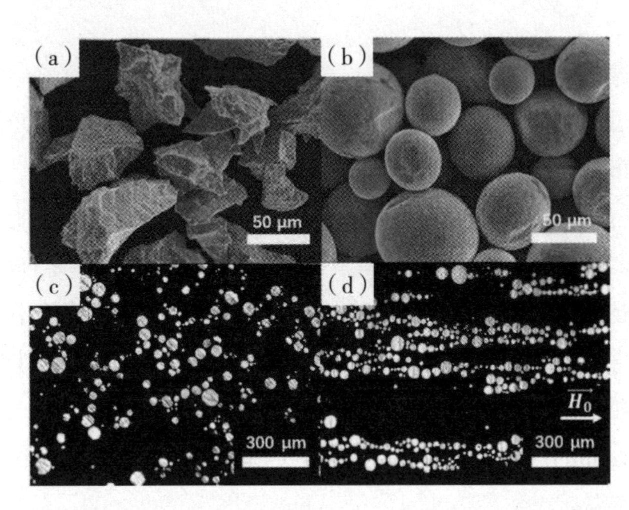

图7.3　CoMnSi金属间化合物颗粒的扫描电子显微镜照片，颗粒尺寸在10 ~ 50 μm

（a）破碎法制备原粉，（b）球化制备的球形粉末，

（c）（d）球形合金粉末树脂中磁场取向

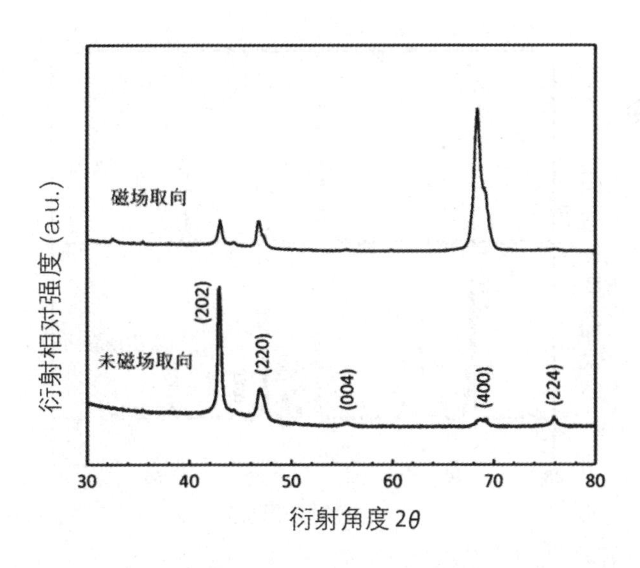

图7.4　单晶CoMnSi颗粒与环氧树脂混合后磁场取向和未取向的XRD

对比后可以看到外加磁场实现了很好的取向，表明颗粒为单晶

7.2.3.2 案例：Ni_2MnGa单晶合金球形粉末制备，授权公告号CN 108691007 B

具体步骤：

（1）通过熔炼方法制得Ni_2MnGa合金（下标为原子百分比），机械破碎得到尺寸为40～80 μm的粉末作为原料。

（2）取2 g Ni_2MnGa合金粉与氧化铝粉，按重量比为1∶3配比，机械搅拌后均匀混合。

（3）将混合好的Ni_2MnGa合金/氧化铝混合粉末放进石英管中，将石英管抽真空到10^{-3} Pa，通氢气到0.06 MPa后封管，将装有用氢气保护的Ni_2MnGa合金/氧化铝混合粉末的石英管，放进加热到1200 ℃的退火炉中，保温8 min后，按10 ℃/min的冷却速度降温到1000 ℃保温2 h，按10 ℃/min的冷却速度随炉冷却到室温。

（4）用酒精浸泡Ni_2MnGa合金/氧化铝混合粉末，结合超声清洗和外加磁场使铁磁Ni_2MnGa合金颗粒与非磁性氧化铝粉末分离的方法，获得了Ni_2MnGa合金球形颗粒。

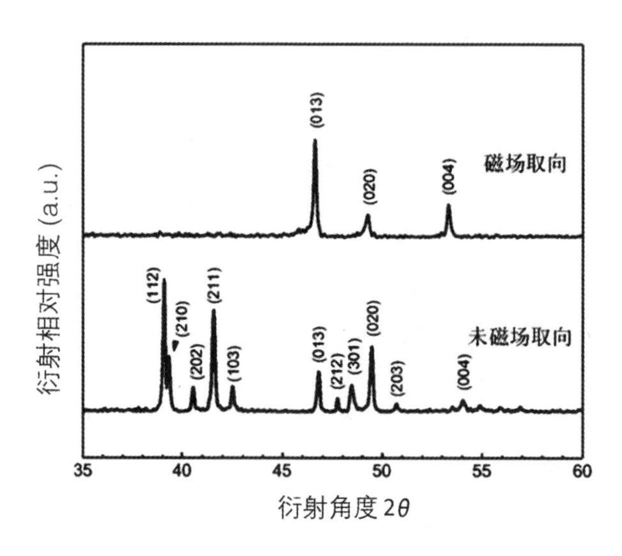

图7.5 单晶Ni_2MnGa颗粒与环氧树脂混合后磁场取向和未取向的XRD对比后可以看到外加磁场实现了很好的取向，表明颗粒为单晶

参考文献

[1] 胡应燕.单分散铜基金属微球制备与凝固机理研究[D].北京：中国地质大学，2019.

[2] 程玉婉. 激光选区熔化用Cu-9.7Sn-0.2P球形粉末的制备及其成形性能研究[D].广州：华南理工大学，2018.

[3] C.L. Lei，H.F. Huang，Z.Z. Chen，et al. Mono-disperse spherical Cu-Znpowder fabricated via the low wettability of liquid/solid interface [J]. Applied Surface Science，2015，357：167.

[4] C.L. Lei，H.F. Huang，Z.Z. Chen，et al. Fabrication of spherical Fe-based magnetic powders via the in situ de-wetting of the liquid - solid interface [J]. RSC Advances，2016，6：3428.

[5] Zhenzhi Cheng，Chenglong Lei，Haifu Huang，et al. The formationof ultrafine spherical metal powders using a low wettability strategy of solid - liquid interface [J]. Materials & Design，2016，97：324.

[6] 陈孝琦，郑立春，何淑雅，等. 不锈钢粉尘碳热还原产物金属颗粒形貌和尺寸[J]. 材料与冶金学报，2021，20（1）：9-16

[7] 黄迎红. 旋转盘离心雾化制备球形焊粉设备及工艺研究[D].昆明：昆明理工大学，2007.

[8]唐少龙，雷成龙，程振之，等. 球形黄铜合金粉末的制造方法[P].专利号：ZL 201410730261.9.

[9] 唐少龙，雷成龙，程振之，等. 一种球形自熔性合金钎料的制造方法[P].专利号：ZL 201410769103.4.

[10] 唐少龙，雷成龙，程振之，等. 球形青铜合金粉末的制造方法[P].专利号：ZL 201410698253.0.

[11] 唐少龙，黄海富，雷成龙，等. 核壳结构微米和纳米复合金属球形粉末的制造方法[P].专利号：ZL 201510064436.1.

[12] 唐少龙，程振之，雷成龙，等. 一种低熔点钎料球形粉末的制造方

法[P].专利号：ZL 201510031079.9.

[13] 唐少龙，程振之，雷成龙，等. 一种超细低氧含量铜球形粉末的制造方法[P].专利号：ZL 201410804224.8.

[14] 唐少龙，程振之，雷成龙，等. 微米和纳米金属球形粉末的制造方法[P].专利号：ZL 201410462791.X

[15] Y.Y. Gong，D.H. Wang，Q.Q. Cao，et al. Textured，dense and giant magnetostrictive alloy from fissile polycrystal [J]. Acta Materialia，2015，98：113.

[16] H. Meng，T.L. Zhang，C.B. Jiang，et al. Grain-<111>-oriented anisotropy in the bondedgiant magnetostrictive material [J]. Applied Physics Letters，2010，96：102501.

[17] 杨红川，于敦波，李勇胜，等. 速凝法制备黏结稀土磁致伸缩材料的工艺和性能研究[J].稀土，2009，30：60.

[18] U. Gaitzsch，M. Pötschke，S. Roth，et al. A 1% magnetostrain inpolycrystalline 5M Ni-Mn-Ga [J]，Acta Mater.，2009，57：365.

[19] 唐少龙，黄业，钱进，等.金属单晶颗粒的制造方法[P].专利号：ZL 201810577812.0.

第8章　总结和展望

8.1　总　结

球形金属粉末作为一种特殊的高性能粉末冶金材料，具有较好的流动性、较高的配位数，是目前面向增材制造技术、电子封装技术以及金属注射成型技术等精密制造技术最具发展潜力的粉末材料。目前，球形金属粉末制备技术较为成熟，主要有两类：（1）金属液滴/气体界面（即液/气界面）的表面张力作用，制备金属颗粒；（2）金属液滴/液体界面（即液/液界面）的表面张力作用，制备金属颗粒。本书提出第三类球形粉末制造机制，即液态金属/非金属粉末（即液/固界面），在制备技术原理上实现创新，拓展了传统金属球形粉末制备技术。本书的主要结论如下：

（1）基于应用耐高温廉价的石墨材料，设计了出了类似传统溶液溶剂的“石墨海”固态溶剂路线，即金属粉末分散在石墨粉中。该路线思路简单，石墨材料对于一般不与之反应的液态金属材料均表现出去润湿行为，这对该方法的普适性提供了基础。在此基础上，我们采用该方法制备了一些具有代表性单质金属球形粉末，如Cu、Sn等。结果表明：熔融状态下，不与石墨反应甚至溶解度也较低的Cu金属制备的球形粉末形貌较为一致，球形度高，表面光洁。实验结果显示高表面能的液态金属Cu与石墨具有较大接触角140°，有利于制备高质量的球形金属粉末。对于熔点和表面能均较低的Sn金属，由于采用低温直接氧化物还原制备，所制备的球形金属Sn粉末球形度较高，但研究表明外界应力环境对具有低表面能的金属球化有较大影响。

（2）为了实现条件的多样化调节，研究了含有活泼元素的Cu-Zn合金在不同气压下合金元素的挥发和球化规律，首次制备了高质量的球形Cu-Zn合金粉末。Zn元素非常活跃，在熔点1178 K附近饱和蒸汽压高达0.101 MPa（正常大气压）。通常负压情况下，锌元素将快速挥发，导致合金表面能的快速变化，并由此进一步影响合金液滴表面平衡性，致使传统工艺无法实现高质量的Cu-Zn合金球形粉末的制备。在我们设计的“石墨海”固态溶剂路线中，原材料合金颗粒被超细石墨粉三维包裹，结合Cu基合金在石墨表面的去润湿行为，可简便地实现气压的调节，从而在不改变合金球形度和粉末颗粒尺寸分布的情况下实现锌含量的调节。实验结果表明：Cu-38Zn合金作为原材料制备的球形合金粉末，气压越高，锌的挥发越少，而且不影响合金粉末的球形度。甚至在负压0.04 MPa的条件下，依然能制备完美的球形Cu-Zn合金粉末。此外，采用高锌含量的Cu-50Zn合金作为原材料，尽管较高锌含量将会降低合金液滴的表面能，但是0.22 MPa气压下制备的Cu-Zn合金粉末具有完美的球形度和光洁的表面，证实液态金属/非金属（即液/固界面）界面方法的可控性和稳定性。此项工作克服了传统工艺无法制备Cu-Zn合金球形粉末的困难。

（3）前面工作所制备的合金球形粉末，原材料均采用了商用无规则的合金粉末。严格意义上，我们设计的液态金属/非金属粉末（即液/固界面）界面方法并没有涉及到合金粉末的制备，而是合金粉末的球化处理。我们第三个工作设计了氢气还原金属氧化物原位去润湿制备超细Cu-Sn合金粉末。氢气还原金属氧化物这一传统工艺虽然实现了金属粉末的制备，但是面临诸多问题，特别是还原过程中的液相烧结、还原不充分、颗粒团聚等，而且不能够制备球形的合金粉末。我们采取石墨粉作为固态溶剂，分散预先均匀混合的$CuO-SnO_2$氧化物，在氢气还原的过程中，混合氧化物被石墨粉分散成小单元，实现了氢气的充分还原，避免了还原过程的合金液滴的液相烧结和吞并长大。实验结果证实我们成功地通过直接还原金属氧化物结合原位去润湿效应制备了Cu-Sn合金球形粉末。Cu-10wt.%合金粉末的SEM显示了不同温度条件下的球形颗粒球形度和表面光洁度。当热处理温度在1273 K时，合金颗粒的球形度最高，表面光洁。球形颗粒横截面的SEM显示制备的球形颗粒完全致密，无块状夹杂物。元素EDS面分布显示Cu和Sn分布均匀。XRD结果证实制备的球形合金粉末还原充分，没有氧化物和纯金属出现，形成单一合金相。颗粒尺寸分布显示制备Cu-Sn合金颗粒10 ~ 30 μm。

（4）为了研究石墨材料反应体系以及氧化铝非反应体系的去润湿行为，设计出Fe基以及Cu基合金粉末分散在石墨和氧化铝介质中的球化实验。Fe基合金与碳发生反应生成碳化物，而且高温下Fe基合金具有较大的渗碳能力，原则上Fe合金液滴将会在石墨介质表面铺展。在制备过程中，采用了快速熔化和快速冷却的方式。快速熔化主要缩短了Fe基合金与石墨发生反应和渗碳的时间，快速冷却主要研究凝固过程中组织结构以及快速冷却对生成反应物、颗粒形貌的影响。经过形貌、结构和磁性能表征结果表明：熔融状态下Fe基合金与石墨发生反应，但表面生成稳定的碳化物抑制了合金液滴在石墨介质表面铺展，实现了去润湿球化，制备的合金球形粉末颗粒内部致密无块状夹杂物。通过控制冷却温度和方式，制备的合金球形粉末颗粒表面差异性较大，相比原材料粉末，经过水淬冷却样品的非晶度具有较大的改善，进一步磁性能表征显示水淬样品具有良好的软磁性能，饱和磁化强度145 emu/g，矫顽力2.8 Oe。首次实验证实液态金属/非金属粉末（即液/固界面）即使在反应体系依然能实现合金粉末的球化制备。

由于相分离的加速动力学以及金属的不透明性，难混溶合金中核壳的形成机制仍然不清楚，我们针对两大类难混溶合金相分离特点，即一类是液相混溶凝固过程中相分离，如Fe-Cu合金；另一类是液相区不混溶凝固过程中相分离也称液相分离型合金，如Ag-Ni合金等。基于液固界面去润湿效应球化合金颗粒的工艺路线，分别研究了Fe-Cu合金和Ag-Ni合金在不同的固态分散介质、不同热处理温度的球化及相分离机制。到目前为止，难混溶合金的核壳形成主要发生在凝固过程中的液-液相分离阶段，包括 Marangoni和斯托克斯运动和表面偏析，正如前面Ag-Ni合金的核壳结构形成过程。然而，上述核壳形成机制，在解释CuFe难混溶合金的相分离时发生困难。出现这种情况的原因是与目前采用制备的核壳形貌的方法有关。总之，难混溶合金球形粉末的制备工艺、凝固组织控制等对合金核壳结构调控及相分离起着至关重要的作用。

（5）本书主要基于液-固界面去润湿效应，设计了“固态介质溶剂”路线，针对含有活泼元素、氧化物还原等特点，采用可控的技术路径和筛选适用的固态介质，可简便地实现气压调节、气氛保护、热时效处理等工艺，无需复杂仪器设备，实现了广泛应用于工业实践中的功能合金粉末材料的球化制备，并形成专利技术。

8.2 展　望

基于高温金属液滴表面张力球化的物理机制和液态金属在固体表面去润湿行为，设计出利用非金属碳材料或陶瓷材料粉末作为固体分散介质，实现原位去润湿球化金属或合金颗粒的制造技术。对于液态金属/非金属粉末（即液/固界面）界面方法中合金液滴的高温润湿性、合金液滴的热履历可控、液滴冷却凝固行为、元素挥发以及粉末反应动力学等方面做出了一些有意义的尝试和探索工作。在此基础上，我们将进一步拓展制备球形合金粉末的种类，如Ni基合金、Mn基合金、稀土合金、磁性相变合金以及具有复杂表面能的多元合金等。

其次，通过研究不同固体分散介质在反应体系和非反应体系中的去润湿机制，丰富液态金属/非金属粉末（即液/固界面）界面方法的内容。我们知道早期关于液态合金在非金属固体表面的润湿和去润湿行为研究较为深入、广泛。特别是对较多合金液滴展现去润湿现象的陶瓷粉末、氮化物粉末、二氧化硅粉末以及碱土金属氧化物粉末。

最后，球形合金粉末的应用研究是合金粉末球形化的主要目标。在磁性合金粉末冶金工艺中，为了提高合金的磁性能，往往需要经过磁场取向。为此，需要通过制备易于磁化取向的近单晶球形粉末，但是由于传统工艺中一般采用机械破碎的方法，制备的磁性合金粉末多为无规则粉末而需要较大的磁化场，而且无法达到磁性合金单晶材料的性能。采用液态金属/非金属粉末（即液/固界面）界面方法，在不影响球形颗粒形貌的情况下，可以实现热履历的可控，有望通过原位去润湿效应长时间热处理制备出更多系列的单晶或易于磁取向的合金球形粉末。

附　录

几种常见金属–碳平衡相图，见图1至图6。

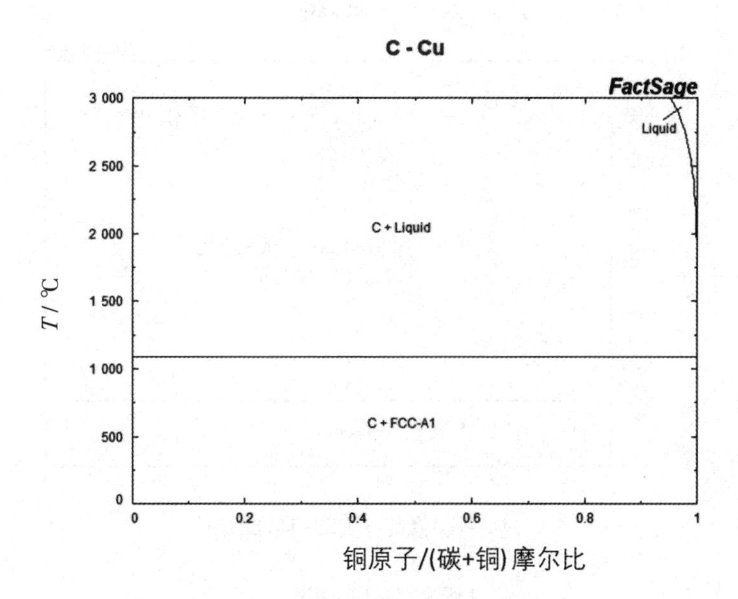

图1　C–Cu 相图

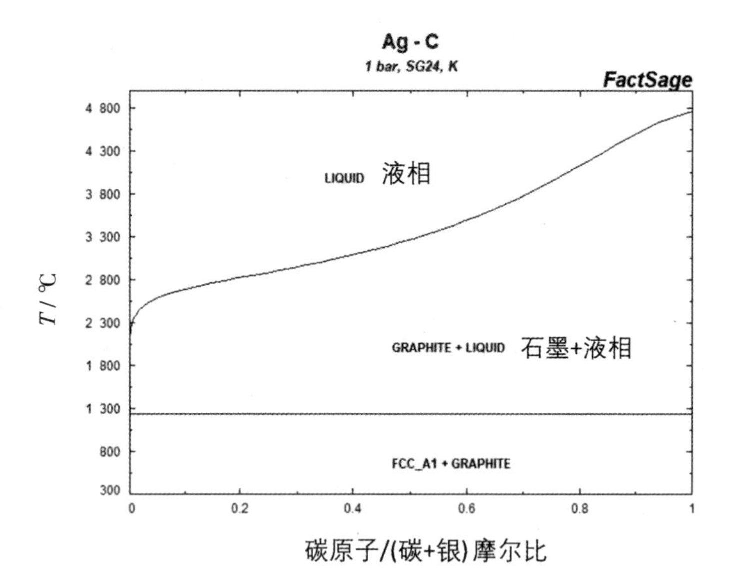

图2 C–Ag 相图

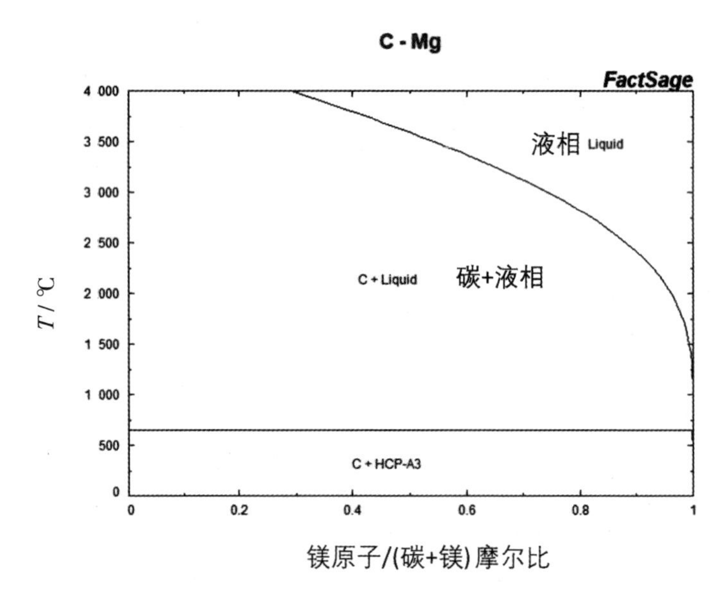

图3 C–Mg 相图

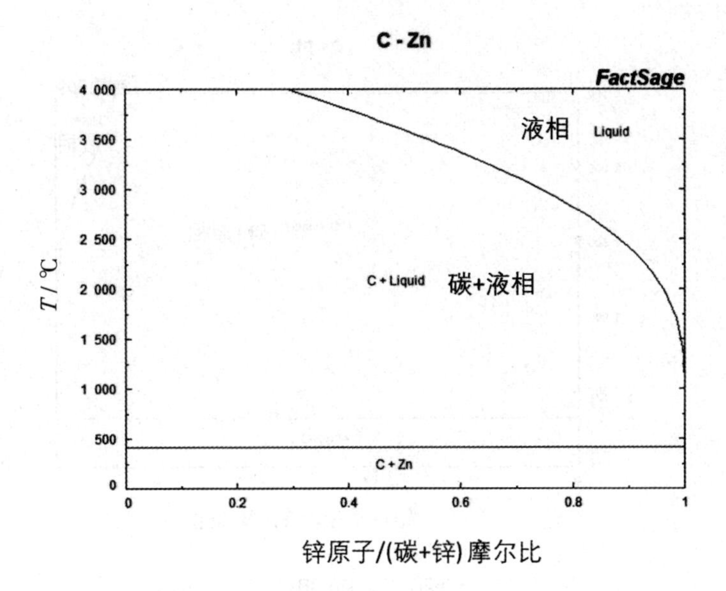

图4 C–Zn 相图

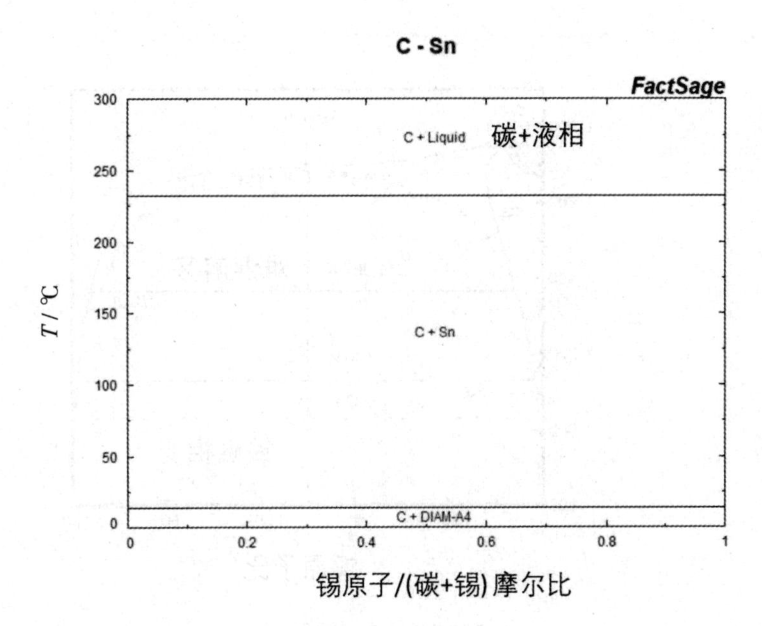

图5 C–Sn 相图

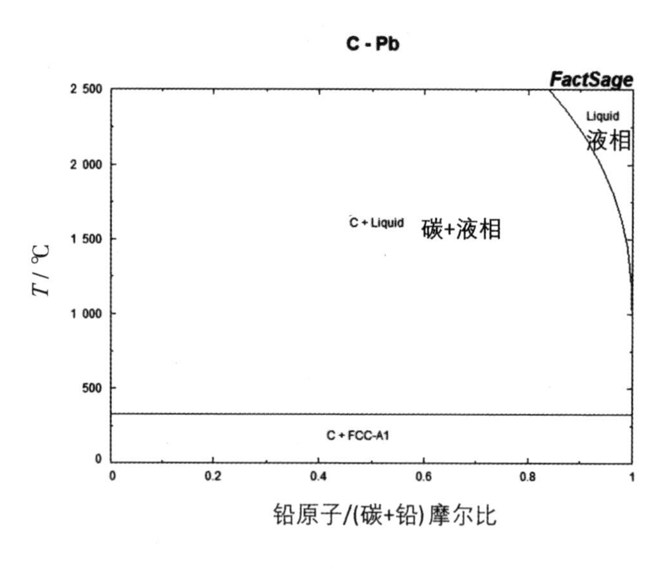

图6　C–Pb 相图

几种常见难混熔合金平衡相图见图7至图14。

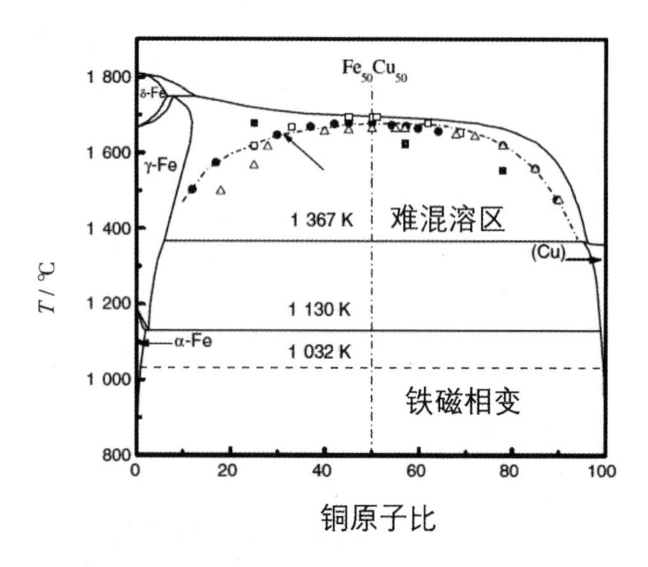

图7　Cu–Fe 铜铁合金

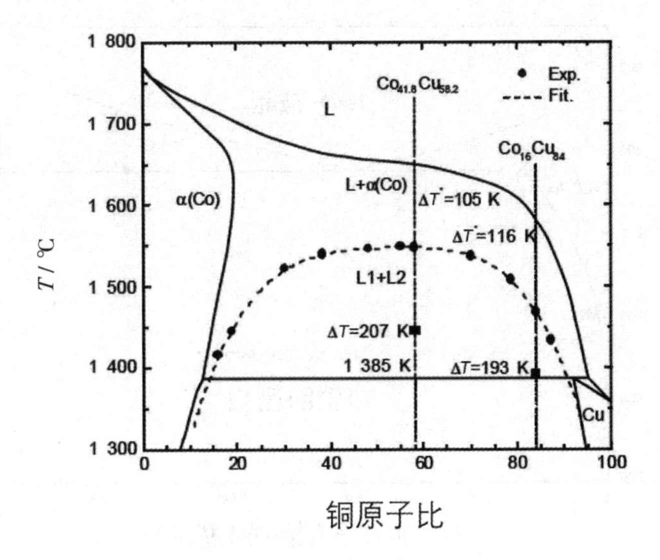

图8　Cu–Co 合金

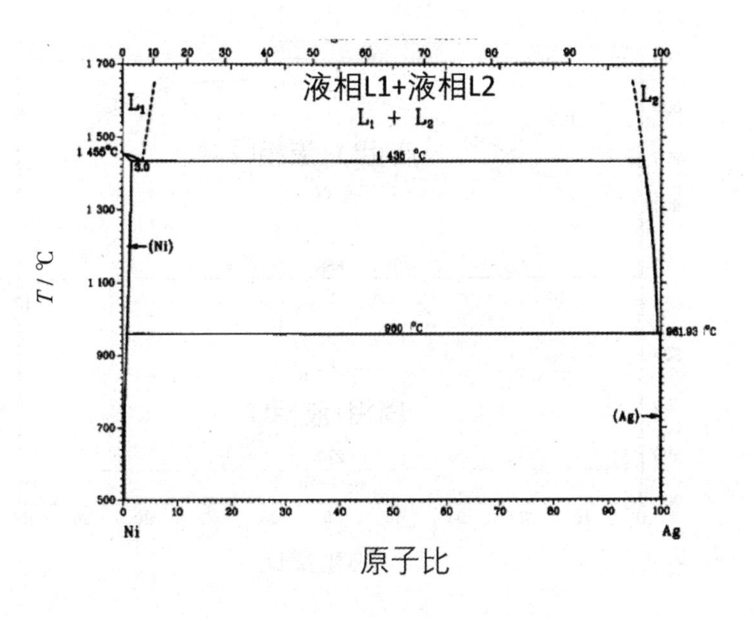

图9　Ag–Ni 合金

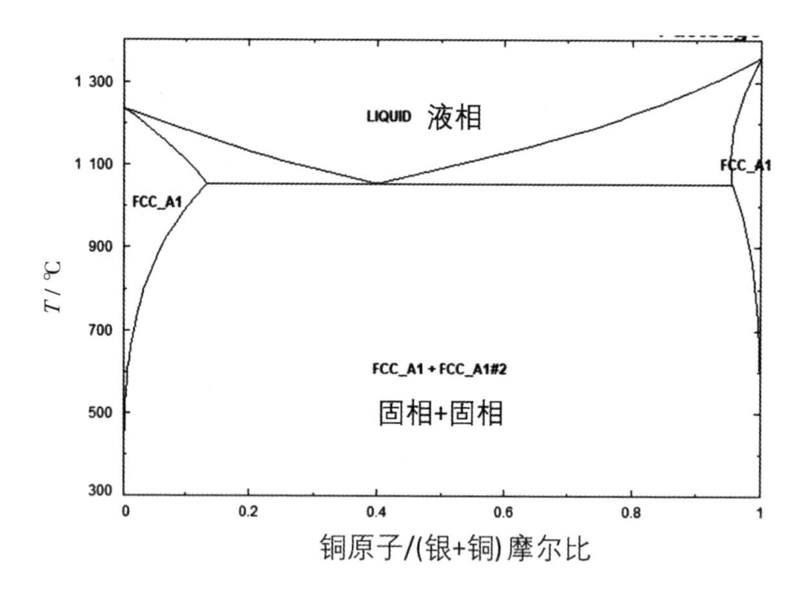

图10　Ag–Cu 合金

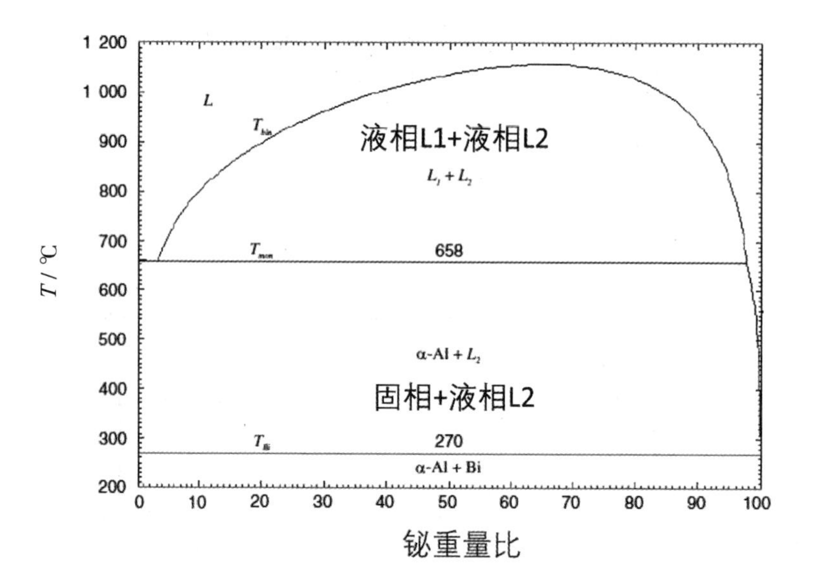

图11　Al–Bi 合金

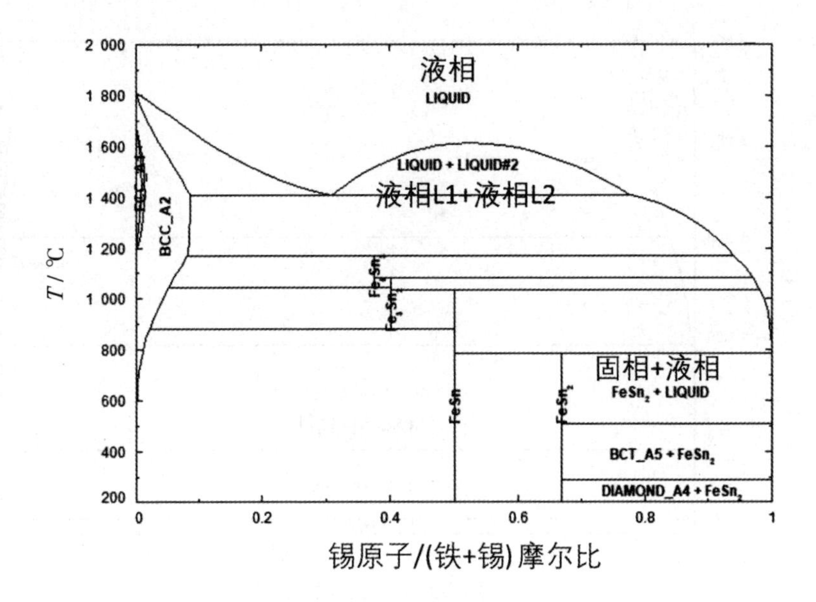

图12 Fe-Sn 合金

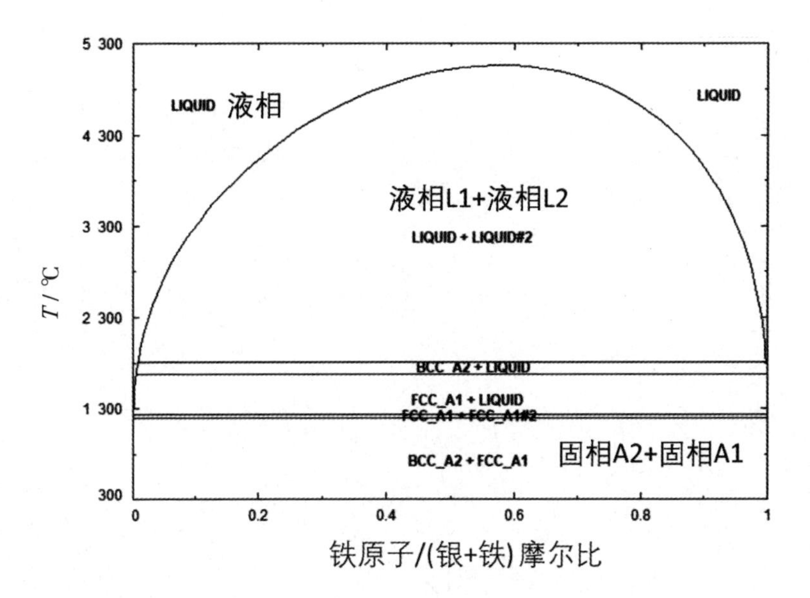

图13 Ag-Fe 合金

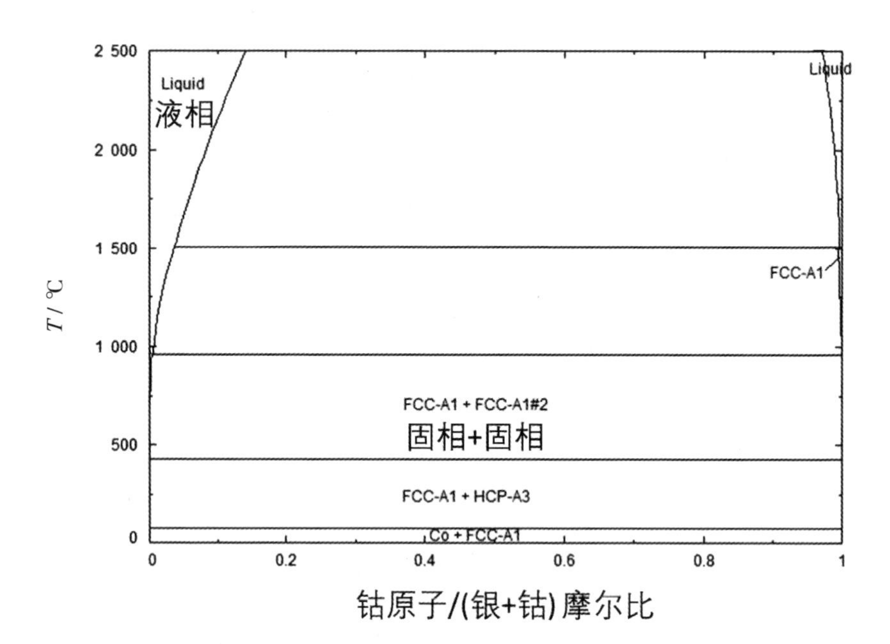
2 500
2 000
1 500
1 000
500
0
Liquid
液相
Liquid
FCC-A1
FCC-A1 + FCC-A1#2
固相+固相
FCC-A1 + HCP-A3
Co + FCC-A1
T / ℃
0
0.2
0.4
0.6
0.8
1
钴原子/(银+钴) 摩尔比

图14　Ag–Co 合金